50 plus – Neuorientierung im Beruf

BRIGITTE REEMTS FLUM | TONI NADIG

50 plus
Neuorientierung im Beruf

Chancen erkennen und mit Erfahrung punkten

Dr. Nadig + Partner
Outplacement/Consulting

Handelszeitung

Beobachter
EDITION

Dank
Nur dank der Offenheit und dem Vertrauen unserer Klientinnen und Klienten konnten wir die Erfahrungen sammeln, die die Grundlage des Buches bilden. Wir freuen uns, diese weitergeben zu dürfen, und hoffen, dass der Ratgeber vielen hilft, die berufliche Neuorientierung selbstbestimmt anzugehen und sich erfolgreich zu positionieren.

Download-Angebot
Die Vorlagen für die Rubrik «To do» finden Sie im Download-Angebot zum Herunterladen und Bearbeiten: www.beobachter.ch/download (Code 9094).

Die Kurzinterviews mit HR-Verantwortlichen von Schweizer Unternehmen führte Stefan Mair, Ressortleiter bei der «Handelszeitung».

Beobachter-Edition

www.beobachter.ch

Herausgeber: Der schweizerische Beobachter in Zusammenarbeit mit der Handelszeitung und der Schweizer Kader Organisation (SKO), unterstützt durch den Sozialfonds SKO
Lektorat: Käthi Zeugin, Zürich
Umschlaggestaltung: Jacqueline Roth, Zürich
Umschlagfoto: iStock
Reihenkonzept: buchundgrafik.ch
Layout: Bruno Bolliger, Losone
Druck: Grafisches Centrum Cuno GmbH & Co. KG, Calbe

ISBN 978-3-85569-909-4

Inhalt

Vorwort

Wer sich neu orientiert, sollte wissen, wohin er sich bewegen will. Im Mittelpunkt einer solchen Reise stehen Sie als Reiseleiter, das Ziel, der Weg dorthin und die Landschaft, die Sie durchwandern werden. Als Reiseleiter müssen Sie das Steuer selber in die Hand nehmen. Sie bestimmen das Ziel und das, was Sie auf dem Weg tun, aber auch nicht tun. Sie werden sich unterwegs selbst begegnen und Erkenntnisse über Ihre Stärken, Einstellungen und Werte gewinnen.

Zum Reisen gehört auch, die Landschaft um sich herum zu betrachten und zu erkennen, wie sie sich verändert. Die Anforderungen in der Arbeitswelt sind gestiegen. Aber es gibt vor dem Hintergrund des zunehmenden Fachkräftemangels und der demografischen Entwicklungen auch neue Chancen, die Sie packen können.

Es ist wichtig, sich für eine solche Reise Zeit zu nehmen. Zeit, um sich von der bisherigen Arbeitssituation zu verabschieden, sich auf die Reiseroute einzustimmen, Klarheit über sich zu gewinnen und Selbstsicherheit für die Reise aufzubauen.

«50 plus – Neuorientierung im Beruf» ist ein idealer Reiseführer und eine Inspirationsquelle, geschrieben von zwei Beratungsprofis, die schon zahlreiche Menschen auf ihrer Reise zu einer neuen beruflichen Herausforderung begleitet haben. Brigitte Reemts Flum und Dr. Toni Nadig haben die Reise in sinnvolle Etappen unterteilt; sie verweben Theorie mit Praxisbeispielen und Erfahrungsberichten und geben viele wertvolle Tipps. Checklisten und Fragebogen ergänzen das Buch.

Wenn alles klappt, mündet Ihre Reise in einen Neubeginn: gestärkt mit vielen neuen Einsichten über sich, aber auch mit einem Fundus an Ansätzen, die helfen, die passende neue Stelle zu finden. Ich wünsche Ihnen dazu viel Glück und Spass beim Lesen!

Jürg Eggenberger
Geschäftsleiter Schweizer Kader Organisation (Mitherausgeberin)
März 2016

Einleitung: Ihre Reise beginnt

Die Arbeitswelt in der Schweiz war bis Mitte der 90er-Jahre von Werten wie Loyalität, Stabilität und Wachstum dominiert. Ein sicherer Arbeitsplatz im Tausch gegen Firmentreue – so lautete viele Jahre lang der Pakt zwischen Arbeitgebern und Arbeitnehmern. Wenn Sie heute um die 50 sind, dann haben Sie Ihre Berufstätigkeit mit grosser Wahrscheinlichkeit unter diesen Voraussetzungen begonnen und in einer überschaubaren Anzahl Unternehmen gearbeitet. Jetzt, mit Anfang, Mitte 50, haben Sie eigentlich nicht vor, noch einmal die Stelle zu wechseln.

Und dann merken Sie, dass es in Ihrem Job nicht mehr stimmt. Eine ständig wechselnde Führung, Umstrukturierungen, Abbau, Fluktuation im Unternehmen, ein neuer Eigentümer – es gibt viele Gründe, weshalb der Spass an der Arbeit und die Identifikation mit der Firma schleichend verloren gehen. Oder aber Sie verlieren ungewollt und überraschend Ihren Job. Unabhängig davon, ob die anstehende Veränderung freiwillig oder unfreiwillig ist, brauchen Sie wahrscheinlich eine neue Erwerbstätigkeit. Also beginnen Sie sich mit dem aktuellen Arbeitsmarkt auseinanderzusetzen. Was finden Sie vor?

Zunächst werden Sie widersprüchliche Botschaften erhalten. Einerseits werden Sie hören, dass Neuorientierung und Jobsuche in Ihrem Alter vergebliche Mühe sei. Jeder in Ihrem Bekanntenkreis hat von jemandem gehört, der oder die zweihundert Bewerbungen verschickt und nicht eine Einladung zu einem Vorstellungsgespräch erhalten hat. Es wird Ihnen gesagt, dass Headhunter Bewerbungen von über 50-Jährigen sofort shreddern, dass in den Personalabteilungen nur noch 25-Jährige entscheiden, und zwar sicher nicht für jemanden, der ihr Vater sein könnte. Sie werden zu hören bekommen, dass Ihre Ausbildung veraltet ist, dass Erfahrung nichts zählt und dass Sie zu teuer sind.

Anderseits werden Sie feststellen, dass fast alle 55-Jährigen und Älteren, die Sie kennen, einen Job haben. Wenn Sie sich die Mühe machen, diesen Eindruck zu überprüfen, werden Sie mit der Tatsache konfrontiert, dass über 70 Prozent der Bevölkerung im Alter von über 55 Jahren arbeiten.

Sie werden auch recht schnell feststellen, dass in der Schweiz relativ wenige Menschen dauerhaft arbeitslos sind und dass die Arbeitslosenquote der Altersgruppe 55 bis 64 seit fast zwanzig Jahren konstant bis zu einem Prozentpunkt unter der der Jüngeren liegt. Hinzu kommt, dass die demografischen Fakten eigentlich alle für die Generation 50 plus sprechen. Die geburtenschwachen Jahrgänge sind auf dem Arbeitsmarkt, es fehlen gut ausgebildete Fachkräfte.

Aufbruch fällt manchmal schwer

Nachdem Sie diese Fakten zur Kenntnis genommen haben – Sie erhalten vertiefte Informationen dazu in Kapitel 3 – erscheint es einfach: Sehr viele Tatsachen sprechen dafür, dass man auch mit weit über 50 auf dem Arbeitsmarkt gebraucht wird. Aber es *ist* nicht einfach: Es fällt tatsächlich vielen über 50-Jährigen schwer, sich auf dem Arbeitsmarkt neu zu positionieren und eine gute Stelle zu finden. Für einen Grossteil dieser Altersgruppe bricht zunächst einmal eine Welt zusammen ob der Tatsache, dass sie überhaupt dieser Situation ausgesetzt sind. Viele sonst nüchtern denkende Fach- und Führungskräfte gehen mit dem Wechsel oder dem Verlust ihres Jobs in hohem Mass emotional um und finden nur schwer einen Ansatz zur Problemlösung.

In der Beratung machen wir täglich die Erfahrung, dass die Auflistung der positiven Fakten zwar hilft, Ängste zu reduzieren, und auch ein wenig Zuversicht gibt, dass es aber ein hinter aller Rationalisierung liegendes Thema gibt: die Tatsache, dass mit einem Arbeitsplatzwechsel nicht nur die aktuelle Stelle verloren geht, sondern auch ein grosser Teil der eigenen Identität, ein Teil, auf den man stolz war. Es bleibt eine Wunde zurück. Der Verlust der Arbeit wird als Kränkung erlebt, manchmal als ein eigentliches Zerstören der Lebenswerte und -ziele. Einem Betroffenen zu raten, er solle möglichst schnell eine neue Beschäftigung annehmen, ist dann im besten Fall Symptombekämpfung, im schlechteren Fall zynisch. Die fundamentale Verunsicherung, die insbesondere durch eine überraschende Kündigung ausgelöst wurde, lässt sich nicht so einfach zurücknehmen und in erneutes Vertrauen in die Welt, den Arbeitgeber, die Wirtschaft und sich selbst verwandeln.

Alle Menschen sind in mehrfacher Weise mit dem Thema Veränderung konfrontiert, wenn Arbeitsplatzverlust und -wechsel drohen. Einerseits sind da der fundamentale gesellschaftliche Wandel auf allen Ebenen sowie dessen Konsequenzen für Unternehmensführung und -kultur. Hinzu kommt der Wertewandel in der Arbeitswelt in den letzten Jahrzehnten und natürlich die Tatsache, dass Sie selbst nach 30 Jahren Berufsleben auch nicht mehr die Person sind, die Sie einmal waren. Prioritäten verschieben sich, neue Ziele tauchen auf, Werte und Bedürfnisse verändern sich.

Machen Sie sich auf den Weg

Eine komplexe Problemstellung lässt sich nur bedingt durch ein allzu simples Rezept lösen. Ein solches werden wir Ihnen in diesem Buch auch nicht anbieten. Die Situation, in der sich über 50-Jährige befinden, ist jedoch weniger schwarz (null Jobs für 50 plus) oder weiss (auf Regen folgt Sonnenschein), als sie gemeinhin dargestellt wird.

Wir beraten seit vielen Jahren Menschen, die durch eine Krise in ihrer Karriere motiviert, oft auch gezwungen sind, eine persönliche und berufliche Standortbestimmung vorzunehmen. Unsere Klientinnen und Klienten – überwiegend in der Altersgruppe zwischen 45 und 60 – bereiten wir auf eine Neupositionierung im schweizerischen Arbeitsmarkt vor, den wir aus langjähriger, persönlicher Erfahrung in verschiedenen Rollen gut kennen. Nachhaltig erfolgreich sind solche Neupositionierungen nur dann, wenn die Betroffenen bereit sind, sich in dieser Übergangszeit vertieft mit Themen auseinanderzusetzen, die über die Frage nach dem perfekten Bewerbungsbrief hinausgehen.

Wir sind überzeugt, dass bei einem einschneidenden Bruch in der beruflichen Karriere zunächst nicht die Aktion im Vordergrund stehen sollte, sondern eine gründliche Reflexion. Wenn Sie dazu bereit sind, dann können Sie dieses Buch als eine Art Reiseführer betrachten. Der erste Teil dieser Reise führt zu Ihnen: zu Ihren Wünschen, Werten, Verhaltensweisen, aber auch zu Ihren Kenntnissen, Fähigkeiten und Stärken. Der zweite Teil der Reise geht ins Land der grossen gesellschaftlichen Veränderungen: Welche konjunkturellen, strukturellen und technologischen

Entwicklungen haben in den letzten Jahren und Jahrzehnten stattgefunden, und welchen Einfluss haben sie auf Ihre Neuorientierung? Erst im dritten Teil reisen wir auf den Arbeitsmarkt: Wie müssen Sie recherchieren, wie sich vorbereiten, positionieren und verkaufen, um erfolgreich zu sein?

Dieses Buch enthält einige theoretischen Überlegungen. Wir haben uns aber bemüht, es weitgehend als Arbeitsbuch, als Hilfe zur Selbsthilfe, zu gestalten. Sie werden «To-do-Elemente» vorfinden, die Sie bearbeiten können. Manchmal ist das «nur» die Aufforderung, das soeben Gelesene an Ihrer eigenen Situation zu überprüfen, manchmal sind es Checklisten oder Fragebogen zu einem spezifischen Thema. Neuorientierung verlangt ein hohes Mass an Eigeninitiative und Selbstmanagement. Daher richtet sich unser Buch an Menschen, die willens sind, ihre berufliche Situation zu überdenken und eigenverantwortlich zu verändern.

Brigitte Reemts Flum, Toni Nadig
im März 2016

1

Die Reise planen – Ihre Neuorientierung

Eine berufliche Neuorientierung ist ein Veränderungsprozess, der fast alle Bereiche des Lebens betrifft. In diesem Kapitel geht es um freiwillige sowie durch eine Kündigung erzwungene Veränderungen: Was sind die Auslöser? Warum fallen uns Veränderungen (manchmal) so schwer? Und was bewirken sie bei uns?

Auslöser für eine Neuorientierung

Trennungen kündigen sich an. Vielleicht führt Ihr persönlicher Entwicklungsprozess zum Wunsch nach einer Erneuerung; möglicherweise sind es aber auch Veränderungen in Ihrem beruflichen Umfeld, die zum Auslöser einer Trennung werden. Auf solche Anzeichen zu achten hilft, nicht von den Ereignissen überrascht zu werden.

Es muss viel passieren, bevor wir aktiv eine berufliche Neuorientierung anstreben. Oft spüren wir lange vorher, dass etwas nicht mehr stimmt: Der Spass an der Arbeit, die Identifikation mit dem Unternehmen, die Akzeptanz der Vorgesetzten, die Verbundenheit mit den Kolleginnen und Kollegen gehen schleichend verloren. In anderen Lebensbereichen neigen wir zu Experimentierfreude, aber im Bereich der Arbeit verfügen wir oft über ein beachtliches Verdrängungs- und Beharrungsvermögen. Dabei gibt es meist etliche Anzeichen, dass eine Veränderung – freiwillig oder unfreiwillig – bevorsteht.

Veränderungen im Unternehmen

Veränderungen im Unternehmen lassen sich vielleicht eine Weile ignorieren – bis man irgendwann merkt, dass sie nicht nur die anderen Abteilungen, sondern auch den eigenen Arbeitsbereich und Arbeitsplatz direkt betreffen.

Einschneidende Reorganisationen

Unternehmen sind heute gezwungen, sich rasch an veränderte Rahmenbedingungen anzupassen, wenn sie im globalen Markt überleben wollen. Immer mehr einfache Arbeiten werden ins Ausland verlagert, weil sie dort billiger eingekauft werden können. Sogenannte Shared Service Centers (übergeordnete Dienstleistungszentren) übernehmen übergreifende Prozesse für alle Unternehmensbereiche und nutzen so die vorhandenen Synergien. Bei jedem Arbeitsprozess wird untersucht, ob eine Verschlankung und/oder Automatisierung möglich ist. Zudem findet in allen Bereichen eine Konsolidierung des Marktes durch Übernahmen und Fusionen von Unternehmen statt.

Arbeit ist teuer – besonders in der Schweiz –, und diesen Preis wollen die Unternehmen nur noch zahlen, wenn sie dafür aktuelles und unternehmensnotwendiges Know-how erhalten, nicht aber für exportierbare Routinetätigkeiten. Es findet ein Umbau statt: Jobs verschwinden, andere werden geschaffen.

Die Chemie stimmt nicht mehr

«Chemie» ist ein etwas vager Begriff im Zusammenhang mit Veränderungen am Arbeitsplatz, aber er wird häufig verwendet, um zu erklären, dass etwas einfach nicht mehr stimmt. In den allermeisten Fällen passen die Werte und/oder die Köpfe verschiedener Personen im Unternehmen nicht oder nicht mehr zusammen. Differenzen auf der Werteebene sind häufig. Unternehmen, die sich rasch entwickeln oder zum Beispiel durch Zukäufe wachsen, haben oft Mühe, die bestehende Unternehmenskultur in die angestrebte zu überführen oder unterschiedliche Kulturen unter einen Hut zu bringen.

Solche Konflikte werden schnell auf Mitarbeiterebene ausgetragen, wenn es etwa darum geht, wer eine Führungsfunktion übernimmt oder von wem man sich trennt. Unternehmen, die einem hohen Veränderungsdruck ausgesetzt sind, unterstellen langjährigen Mitarbeitenden gern eine «alte Denke» – und plötzlich ist man in der Situation, dass das betriebliche und fachliche Know-how nicht mehr gewürdigt wird und man stattdessen als Bremsklotz gilt.

Neue Besen kehren anders – Chefwechsel

Auch durch einen Chefwechsel im eigenen Bereich oder durch einen Wechsel in der obersten Führung werden Veränderungen ausgelöst. Gerade an der Spitze der Unternehmen wird die Verweildauer der Chefs immer kürzer, weil sie sich zunehmend an kurzfristigsten Ergebnissen messen lassen müssen. Dieser Trend ist neu für Führungskräfte, die ihre Position noch einem langjährigen Aufstieg innerhalb der Firma verdanken. Aber auch für alle anderen Mitarbeitenden eines Unternehmens sind dadurch die Zeichen auf Veränderung gesetzt. Denn mit jeder Neubesetzung in der Chefetage müssen sich auch alle Angestellten innerhalb der Firma wieder neu positionieren. Das führt dazu, dass ganze Unternehmen dauernd mit Positionskämpfen beschäftigt sind.

Neue Manager bringen zudem oft eine eigene Entourage mit, für die erst Positionen freigeräumt werden müssen. Besonders Schlüsselpositionen – also Positionen, die im direkten Umfeld des Chefs angesiedelt sind – werden mit neuen Mitarbeitenden besetzt. Dies kann den Assistenten des Geschäftsführers ebenso betreffen wie die Finanzchefin.

Wertewandel in Unternehmen

So wie sich Ihre eigenen Werte im Verlauf der Zeit verändern, wandeln sich oft auch die Werte in einem Unternehmen. Viele traditionelle schweizerische Unternehmen haben sich innerhalb der letzten 20 Jahre in globale Konzerne verwandelt. Mit dieser Entwicklung haben sich nicht nur die Personen, die Strukturen und die Prozesse in diesen Firmen verändert, sondern eben auch die Werte. Wurden Mitarbeitende früher vielleicht noch als erweiterte Familie angesehen, der man Sorge tragen musste, sind sie heute eine Ressource, die je nach Bedarf zugekauft oder abgestossen wird. Dasselbe Unternehmen, das vor einigen Jahren noch einen Mitarbeiter mit guten Kenntnissen der schweizerischen Rechnungslegung suchte, braucht heute jemanden mit Kenntnissen im Bereich IFRS oder US-GAAP, um auch den internationalen Ansprüchen zu genügen.

TO DO: VERÄNDERUNGEN IN MEINEM UNTERNEHMEN

Überlegen Sie, ob sich in letzter Zeit eine oder mehrere der genannten Veränderungen in Ihrem Unternehmen vollzogen haben.

- Welche Veränderungen waren das genau?
- Welche Auswirkungen könnte das auf Ihre Position haben?
- Gibt es Jobs in der Firma, die doppelt besetzt sind, zum Beispiel nach einer Fusion? Gehört Ihr Job dazu?
- Gibt es für Sie eine Alternative im Unternehmen?

Persönliche Entwicklung

Neben Veränderungen im Unternehmen kann auch die persönliche Entwicklung ein Auslöser für eine berufliche Neuorientierung sein. So wie Ihr Unternehmen Einflüssen ausgesetzt ist, die es zur Veränderung zwingen, gibt es auch Einflüsse im Verlauf Ihres Berufslebens, die Impulse für eine Veränderung sind.

Entwicklungsbedingter Wertewandel

Die eigenen Werte wandeln sich mit den Jahren, Prioritäten werden neu gesetzt. Oft ist uns gar nicht so bewusst, worin unsere Wertebasis besteht. Wird sie aber immer wieder verletzt, spüren wir das als eine Art ständige Reibung.

Persönliche Werte können zum Beispiel sein: Nachhaltigkeit, Konstanz, Wertschätzung, Feedback, interessante Arbeit, Lernmöglichkeit, Status, Aufstiegsmöglichkeit. Wir starten unsere Karriere mit bestimmten Werten. Oft wählen wir beim Berufseinstieg ein Unternehmen, das unsere Werte spiegelt. So steigt ein innovationsbegeisterter Mitarbeiter, dem Sicherheit nicht so wichtig ist, vielleicht in einem Start-up ein; eine Mitarbeiterin, der Konstanz, ein geregeltes Umfeld und ein sicherer Verdienst am Herzen liegen, geht eher zu einer etablierten Firma. Doch die Prioritäten verändern sich: Der Mitarbeiter im Start-up gründet eine Familie und merkt plötzlich, dass ihn die dauernde Unsicherheit stresst. Die Mitarbeiterin der etablierten Firma spürt mit der Zeit das Bedürfnis nach Veränderung und stösst überall auf enervierende Routinen.

Genügen die Kompetenzen?

Die Arbeitsmarktpolarisierung hat in den vergangenen Jahren stark zugenommen. Durch die zunehmende Automatisierung und Computerisierung sind viele Jobs im mittleren Lohnbereich – etwa bei der Maschinenbedienung oder Montage, aber auch im Büro – nahezu verschwunden. Dafür stieg der Anteil der besser verdienenden Berufsgruppen, zum Beispiel der Techniker, Wissenschaftler, Führungskräfte.

Die persönlichen Kompetenzen sind im Verlauf der Jahre ebenfalls der Veränderung ausgesetzt. Startete man seine berufliche Laufbahn noch als gut ausgebildete Fachkraft, führen die schnellen Entwicklungen dazu, dass man nur mit ständiger Weiterbildung in seinem Fachbereich mithalten

«Wege entstehen dadurch, dass man sie geht.»

Franz Kafka, deutschsprachiger Schrifsteller aus Prag

kann. Wer dies vernachlässigt, ist fachlich schnell nicht mehr ganz auf der Höhe.

So kann ein Anstoss zur Veränderung und damit für eine berufliche Neuorientierung auch sein, dass man nicht mehr in der Lage ist, die erwartete Leistung zu erbringen. Das ist weniger in Unwilligkeit oder mangelndem Einsatz begründet, sondern vielmehr im Umstand, dass sich die Anforderungen an eine Position oder Funktion grundlegend verändert haben und man selber diese Veränderung, den Anforderungsshift, nicht mitvollzogen hat.

Eine solche Situation kann grossen Stress auslösen, weil man eventuell sehr viel Energie darauf verwenden muss, die mangelnde Kompetenz vor dem Chef oder der Arbeitgeberin zu verheimlichen. Diese Energie in eine Neuorientierung zu investieren, ist dann der bessere Weg.

Achten Sie auf diese Anzeichen

Eingangs war bereits die Rede davon, dass sich Veränderungen auch auf der emotionalen Ebene ankündigen: Der Montag wird zum schlimmsten Tag der Woche; jede Besprechung mit der Chefin liegt Ihnen schon lange vorher auf dem Magen; die Freude an der Arbeit geht verloren. Ihre innere Stimme sagt Ihnen, dass es das nicht mehr lange sein kann. Und diese innere Stimme wird umso lauter, je mehr Anzeichen in Ihrer direkten Umgebung darauf hinweisen, dass eine Veränderung bevorsteht. Typische solche Anzeichen, auf die Sie reagieren sollten, sind etwa:

- Ihr Arbeitsbereich ist nicht erfolgreich, ist zum Beispiel unrentabel und teuer, Kundenaufträge bleiben aus.
- Ihre Chefin geht Ihnen aus dem Weg, verweigert das Gespräch.
- Bei Beförderungen werden Sie ohne Erklärung übergangen.
- Sie werden nicht zu Sitzungen eingeladen oder fehlen auf Verteilern.
- Sie erhalten keine Anerkennung mehr von Vorgesetzten und/oder Kollegen.
- Es werden Ihnen Jobs innerhalb der Firma angeboten, die weniger attraktiv sind (Status, Einfluss), also einen Rückschritt bedeuten.
- Bei Projekten und Sonderaufträgen werden Sie übergangen.
- Kollegen und Kolleginnen fragen nicht mehr nach Ihrer Meinung.

- Ihr Einflussbereich wird eingeschränkt. Sie werden kontrolliert und müssen Rücksprache nehmen bei Themen, die Sie bislang selbst entscheiden konnten.
- Sie werden oft kritisiert.

Eine Veränderung steht an

Von wem geht eine Veränderung aus? Wenn Sie aufmerksam auf die oben genannten Anzeichen achten, ist die Chance gross, dass Sie selber die Weichen stellen. Wenn Sie eher dazu neigen, solche Anzeichen zu übersehen, werden irgendwann andere Sie in eine Veränderung zwingen. Manchmal ist es aber auch einfach eine Frage des Timings, wer zuerst reagiert. «Wenn die mir nicht gekündigt hätten, wäre ich sowieso gegangen», ist eine häufige Aussage von Menschen in der beruflichen Neuorientierung.

Unabhängig davon, ob Sie freiwillig Ihre Neuorientierung einleiten oder durch eine Kündigung dazu gezwungen werden – halten Sie zuerst inne und folgen Sie nicht dem ersten Impuls. Die grosse Geste wirkt im Kino gut, in der Realität sollten Sie überlegen, bevor Sie aktiv werden.

Freiwillige Veränderung: Was ist Ihre Strategie?

Wenn der Wind der Veränderung bläst, können Sie abwarten, bis der Arbeitgeber eine Entscheidung trifft. Sie können aber auch beginnen, sich mit einer Neuorientierung auseinanderzusetzen. Das hat den Vorteil, dass Sie selbst bestimmen und nicht fremdbestimmt werden. Und das wiederum hat den Vorteil, dass Sie zwar auch mit den Begleiterscheinungen einer Veränderung konfrontiert sind, aber emotional und psychisch eine andere Haltung dazu einnehmen.

Sobald Sie eine Veränderung ins Auge fassen, gibt es im Grunde genommen drei Strategien: Love it, change it, leave it.

Love it

Gerade wenn man älter ist, sollte man gut überlegen, ob es nicht doch am sinnvollsten ist, im Job oder zumindest in der Firma zu bleiben. «Love it» bedeutet, die eigene Haltung gegenüber der Arbeit zu ändern und die positiven Aspekte mehr zu schätzen. Das heisst nicht, dass Sie in sinnlosen Zweckoptimismus verfallen sollen, sondern lediglich, dass Sie nüchtern analysieren, was das Gute an Ihrer aktuellen Situation ist und welche Chancen sie Ihnen bietet. Das können beispielsweise das nette Team, die faire Entlöhnung oder auch die Arbeit sein, die Sie im Griff haben.

Change it

Veränderungen, die im Unternehmen oder in Ihrer Abteilung anstehen, sind auch eine Chance, aktiv zu werden und sich zu überlegen, was Sie selbst tun können, um am bestehenden Arbeitsplatz die Situation zu verbessern. Eventuell lassen sich Konflikte im Team oder mit dem Vorgesetzten offensiv lösen, oder Sie können einer nicht mehr interessanten Arbeit durch die Übernahme eines Projekts mehr Attraktivität verleihen.

TIPP *Wenn Sie sich für Ihr Unternehmen oder Ihren bisherigen Job entscheiden, dann müssen Sie jetzt aktiv werden. Aktiv werden heisst: Sprechen Sie die Anzeichen an, die Sie in Ihrem Umfeld spüren, und versuchen Sie, sie mit Ihren Vorgesetzten zu klären. Gleichzeitig sollten Sie deutlich machen, dass Sie nicht Teil des Problems sind, sondern gern Teil der Lösung wären. Beispielsweise, indem Sie Zusatzaufgaben übernehmen oder sich in einem speziellen Bereich weiterbilden.*

Leave it

Bevor Sie die «Leave it»- und damit die Exit-Strategie wählen, sollten Sie die zwei anderen Möglichkeiten wohl überlegen. Aber wohlüberlegt ist nicht dasselbe wie keinesfalls. Man muss nicht alles bis zum Ende führen, was man einmal angefangen hat. Es kann befreiend sein, eine Situation zu beenden. Der stereotypen Annahme, dass Durchziehen für eine starke Persönlichkeit spreche, kann man entgegenhalten, dass es doch ziemlich widersinnig ist, eine gesundheitsschädigende, energieraubende, familienzerstörende Arbeit fortzusetzen, nur weil man sie irgendwann einmal angefangen hat.

Wenn Sie sich für die «Leave it»-Strategie entscheiden, sollten Sie auch dies aktiv managen. Zum Beispiel, indem Sie Ihren Wunsch nach einer Veränderung ansprechen und gemeinsam mit Ihrem Vorgesetzten eine für alle hilfreiche Austritts- und Übergabeplanung machen. Oder aber, indem Sie niemandem ein Wort sagen, in Ihrer Freizeit die Neuorientierung und Jobsuche vorantreiben und Ihre Kündigung erst dann einreichen, wenn Sie einen unterschriebenen Vertrag vom neuen Arbeitgeber haben. Was Sie tun, hängt wesentlich von der Situation an Ihrem Arbeitsplatz ab.

TO DO: PRO UND KONTRA VERÄNDERUNG

Machen Sie eine Pro-und-Kontra-Liste. Schreiben Sie auf die eine Seite, welche Faktoren für eine Veränderung sprechen, auf die andere Seite die Gründe, die dafür sprechen, in der aktuellen Situation zu bleiben.

Unfreiwillige Veränderung: Analyse gefragt

Wie gesagt: Wir alle verfügen über ein beachtliches Verdrängungsvermögen, wenn es darum geht, die Anzeichen einer bevorstehenden Trennung wahrzunehmen und in Handlung umzusetzen. Manchmal kommen uns andere zuvor und handeln für uns oder gegen uns. In diesem Fall werden wir, meist durch eine Kündigung oder durch die Androhung einer Kündigung, gezwungen, uns mit einer Neuorientierung auseinanderzusetzen.

Wenn Ihnen das passiert, sollten Sie überlegen, wie und warum diese Situation entstanden ist. Kündigungen haben oft mehr als nur einen Grund. Und bei aller, sicher berechtigten Erbitterung können Sie vielleicht aus der Situation auch etwas lernen, das Ihnen beim nächsten Arbeitgeber weiterhilft.

Kündigung: Wen triffts?

Heute kann es jeden und jede treffen! Die wenigsten Kündigungen sind allein in der Qualifikation oder Leistung begründet. Es ist einfach Realität, dass ganze Unternehmen stillgelegt, Arbeitsprozesse ins Ausland verlegt werden, dass ein bestimmter Prozentsatz Mitarbeitende linear über alle Bereiche eingespart werden muss.

Es ist allerdings auch Realität, dass es bei vielen Reorganisationen eben nicht alle trifft, sondern eine Auswahl vorgenommen wird. Manchmal gibt es erkennbare und kommunizierbare Gründe, warum bestimmte Personen entlassen werden und andere bleiben: Betriebszugehörigkeit, Familienstand, Salär. In anderen Situationen verstehen die Betroffenen die Welt nicht mehr: Warum gerade ich?

Doch solche Einzelkündigungen geschehen kaum je aus heiterem Himmel. Für fast jede Kündigung gibt es Vorzeichen, die wir aber oft nicht oder erst zu spät wahrnehmen. Meist stehen mehrere Ursachen dahinter: Die Anforderungen an eine Arbeitsstelle haben sich verändert, und die Person, die diese Arbeit ausführt, hat die Veränderungen nicht schnell und

TO DO: MEINE TRENNUNGSANALYSE

- Beschreiben Sie die Ziele Ihres Unternehmens. Wie sieht es mit Ihrer Identifikation aus?
- Welche übergeordneten Entscheide haben Ihre Position beeinflusst?
- Beschreiben Sie die Firmenkultur und die Verhaltensnormen. Haben Sie sich damit identifizieren können?
- Beschreiben Sie Ihre Befindlichkeit im Unternehmen.
- Beschreiben Sie Ihr Verhältnis zu Ihrem direkten Vorgesetzten. Können Sie ihn persönlich und fachlich akzeptieren?
- Hat ein Wechsel des Vorgesetzten stattgefunden oder steht ein solcher bevor? Hat der Wechsel einen Einfluss auf Ihre Position?
- Welches Bild haben Ihr Vorgesetzter und andere Schlüsselpersonen im Unternehmen von Ihnen? Wie wird Ihre Leistung beurteilt? Wofür haben Sie jeweils Wertschätzung bekommen?
- Welchen Beitrag haben Sie für das Unternehmen geleistet? Welchen Sinn hatte Ihre Tätigkeit für Sie und das Unternehmen? Inwieweit haben Sie Ihre Aufgaben und Verantwortlichkeiten befriedigt?
- Wie beurteilen Sie Ihre Qualifikationen und Erfahrungen, wenn es darum geht, zukünftigen Aufgaben gerecht zu werden?

nicht umfassend genug mitgemacht. Solche neuen Anforderungen sind nicht immer nur sachlicher, sie können auch persönlicher Natur sein: Detailorientierte Persönlichkeit trifft auf Mitarbeitenden, den vor allem der Gesamtzusammenhang interessiert; introvertierter «Nerd» hat neu einen extrovertierten Verkäufertyp zum Chef – immer wenn es nicht gelingt, unterschiedliche Persönlichkeiten als willkommene Ergänzung zu integrieren, und sie stattdessen als Störfaktor wahrgenommen werden, wird es schwierig.

Warum gerade ich?
Es ist wichtig, dass Sie sich mit der Entstehungsgeschichte Ihrer Trennung vom Arbeitgeber auseinandersetzen. Die Hintergründe dieser Trennung, Ihre Situation am alten Arbeitsplatz, Ihre Rolle und Ihre Befindlichkeit sollten Sie erst genau analysieren, bevor Sie alles hinter sich lassen und in die Neuorientierung gehen. Welche Fragen es zu beantworten gilt, sehen Sie in der nebenstehenden To-do-Aufstellung.

Kündigungsgründe

Jemandem zu kündigen ist eine schwierige Führungsaufgabe, und viele Vorgesetzte würden ihr am liebsten aus dem Weg gehen. So ist es immer leichter, strukturelle oder konjunkturelle Veränderungen anzuführen, als im Kündigungsgespräch Schwierigkeiten oder Konflikte an- und auszusprechen. In jeder Diskussion um Köpfe, Werte oder Leistungen muss die Vorgesetzte, die die Kündigung ausspricht, sich auch mit ihren eigenen Werten und denen des Unternehmens konfrontieren.

Fairerweise muss man sagen, dass Mitarbeitende im Moment einer Kündigung die wahren Gründe oft gar nicht hören wollen. Es ist einfacher, sich als Opfer einer Umstrukturierung zu sehen denn als mitverantwortlich an der Entstehung der Situation – etwa, weil man nicht genügend delegiert, sich nie weitergebildet, nicht ausreichend den Kontakt mit der Vorgesetzten gesucht oder eine neue Strategie sabotiert hat.

Es lohnt sich zu prüfen, was Ihr eigener Beitrag an der unfreiwilligen Trennung ist, welches die Fremdeinflüsse waren, und daraus Folgerungen zu ziehen. Das Unternehmen lassen Sie zurück, sich selbst nehmen Sie mit in die Neuorientierung.

TO DO: TRENNUNGSGRÜNDE

Überlegen Sie sich folgende Fragen. Die Beispiele zeigen Möglichkeiten auf, aber natürlich sind Trennungsgründe sehr individuell!

- **Was sind meine Anteile an der Trennungssituation?**
  Beispiele: zu stark im Operativen hängen geblieben; keine Beziehung zu Vorgesetzten aufgebaut; mich nicht positioniert; unangemessen stark für bereits aussichtslose Anliegen gekämpft; zu wenig Netzwerk zu Kollegen aufgebaut
- **Was sind die Anteile, für die mein Vorgesetzter, meine Chefin die Verantwortung hat?**
  Beispiele: falsches Bild von mir; unausgesprochener Vorbehalt, weil ich vom Vorgänger übernommen wurde; kein konstruktiver Dialog
- **Welche Anteile hängen mit meinem direkten Umfeld (Team) zusammen?**
  Beispiele: ich und meine Anteile wurden nicht eingebunden; Intrige gegen mich; opportunistisches Verhalten nach oben
- **Welche Anteile schreibe ich der (veränderten) Firmenkultur zu?**
  Beispiele: informelle Entscheide, die getroffen wurden; viel Politik; fehlende Ehrlichkeit
- **Was sind die drei wichtigsten Folgerungen aus dieser Analyse?**
  Beispiel:
  1. Ich muss mich persönlich besser positionieren.
  2. Meine Geschichte (15 Jahre in der Firma) prägt das Bild der Firma von mir und meines von der Firma.
  3. Ich habe die Wichtigkeit guter Beziehungen zum Vorgesetzten und zu anderen Führungskräften unterschätzt.

Hans C. Werner

Leiter Group Human Resources, Swisscom

Was raten Sie Menschen über 50, die sich auf dem Arbeitsmarkt neu bewähren müssen?

Am Thema Arbeitsmarktfähigkeit müssen alle dranbleiben – jung und weniger jung. Was es vor allem braucht, ist der richtige «Spirit». Es braucht Selbstverantwortung für die eigene Entwicklung und Flexibilität, sich Neuem zuzuwenden. Unter Umständen muss man bereit sein, einen Schritt zu tun, der einen Bruch mit der bisherigen Tätigkeit darstellt.

Wie können Berufstätige mit 50 plus ihre Fähigkeiten aktuell halten?

Grundsätzlich wehre ich mich gegen Kategorisierungen wie 50 plus, 55 plus oder auch 16 plus. Das grenzt teilweise an Diskriminierung. Unser Ziel bei Swisscom ist es, den Mitarbeitenden für unterschiedliche Karrierephasen Angebote zur Weiterentwicklung zu machen. An der Arbeitsmarktfähigkeit zu arbeiten, kann bedeuten, Kurse in Technik, Sales oder Kommunikation zu belegen. Mindestens genauso wirkungsvoll ist es unserer Erfahrung nach, wenn jemand eine neue Rolle einnimmt, etwa in einem anderen Bereich arbeitet. Letztlich funktioniert all das aber nur, wenn die Leute motiviert sind: Die Führungskraft muss das Thema regelmässig ansprechen, und der oder die Mitarbeitende muss den Antrieb mitbringen.

Welche Stärken bringen ältere Mitarbeitende in eine Belegschaft ein?

Sie haben profunde Erfahrung und handeln oft unaufgeregter als Jüngere. Kolleginnen und Kollegen können von ihrem breiten Know-how profitieren. Und die Älteren können helfen, Kundenbedürfnisse besser abzubilden, etwa in den Filialen und Callcentern. Ältere Kunden, die in unsere Shops kommen, strahlen oft Unsicherheit aus. Die löst sich sofort, wenn jemand aus der gleichen Altersgruppe sie bedient.

Wie wichtig ist Arbeit?

«Was machen Sie?», ist oft die erste Frage, mit der ein Small Talk eingeleitet wird. Wir leben in einer Gesellschaft, in der Identität zu einem nicht geringen Teil über Arbeit definiert wird. Ich bin, was ich arbeite und leiste. Der Verlust der Arbeit wird fast immer als bedrohlich erlebt und betrifft alle Lebensbereiche.

Immer noch definieren wir uns stark über unsere Berufsbezeichnung, über den Titel auf der Visitenkarte. Ich bin Bankdirektorin, Projektleiter, Verkaufsberaterin, Sachbearbeiter. Und wenn ich das nicht mehr bin, was bin ich dann? Diese Frage wirft die Betroffenen unmittelbar auf sich selbst zurück. Daher versucht man normalerweise, solchen Fragen aus dem Weg zu gehen – und wird dann durch eine Kündigung plötzlich und noch dazu unfreiwillig gezwungen, sich mit ihnen auseinanderzusetzen.

Auch ist die Identifikation mit dem Unternehmen bei vielen Berufstätigen sehr stark. Die meisten Menschen können ihre Arbeit nur gut machen, wenn sie eine gewisse Bindung zu «ihrem» Unternehmen aufbauen und

IDENTITÄT

Identität basiert nach dem Psychologen H. G. Petzold auf fünf Säulen, die uns quasi tragen:

- **Leiblichkeit:** Gesundheit, Aussehen, Sexualität
- **Soziales Netz, Beziehungen:** Familie, Freunde, Kollegen
- **Arbeit:** Leistung, Beruf, Ehrenamt, Hobby
- **Materielle Sicherheit:** Einkommen, Versicherungen, Rente, Besitz, Wohnung
- **Werte, Sinn:** Politik, Religion, gesellschaftliche Zugehörigkeit

Die einzelnen Säulen stehen in einer Wechselwirkung zueinander. Der plötzliche Verlust einer Säule – zum Beispiel der Arbeit – führt zu einem fundamentalen Ungleichgewicht des ganzen Systems. Ausserdem kann man alle fünf Säulen sowohl unter dem Aspekt der Selbstwahrnehmung als auch unter dem der Fremdwahrnehmung betrachten: «Ich identifiziere mich mit meiner Arbeit, ich werde aber auch durch sie identifiziert.» Klingt kompliziert, wird aber einfach, wenn man die verschiedenen Auswirkungen von Arbeitslosigkeit auf die anderen Säulen der Identität genauer anschaut.

entsprechend stolz auf den Betrieb und dessen Produkte oder Dienstleistungen sein können. Durch einen plötzlichen Stellenverlust wird auch dieser Teil der Identität zerstört.

Die Auswirkungen eines Stellenverlusts

Ein Stellenverlust hat Auswirkungen auf nahezu alle Bereiche des Lebens. Wie stark die Auswirkung ist, hängt von vielen Faktoren ab: vom finanziellen Hintergrund, vom Status, von der familiären Einbindung. Einer der wichtigsten Faktoren ist sicher die Dauer der Arbeitslosigkeit: Gelingt es relativ schnell, sich beruflich neu zu orientieren, sind die Folgen wesentlich weniger einschneidend.

Auswirkungen auf die Familie und das soziale Netz
Vor allem wenn die Arbeitslosigkeit den Hauptverdiener trifft, sind die Folgen für die Familie beträchtlich. Oft ist das auch heute noch der Vater und Ehemann, der bisher fast seine ganze Zeit im Betrieb verbracht hat. Plötzlich den ganzen Tag zu Hause, erwartet er womöglich Aufmerksamkeit, Mitleid und Einbindung in Abläufe, die ohne ihn bestens funktioniert haben. Die oft über Jahrzehnte eingeübte Rollenverteilung gerät aus dem Gleichgewicht, ein neuer Verteilkampf um Status, Aufgaben, Entscheidungsbefugnisse muss ausgefochten werden. Die Familie, finanziell abhängig und ohne Kenntnisse des Arbeitsmarkts, gerät in Panik und überträgt ihre Sorgen und Ängste noch zusätzlich auf den Betroffenen.

Eher selten wird diese Situation als Chance genutzt, die bestehenden Rollen zu hinterfragen. Häufiger zieht sich jede Seite auf ihre Position zurück und ist bestrebt, den alten Zustand so schnell wie möglich wiederherzustellen. Manchmal zerbricht an solchen Konflikten das ganze Sozialsystem und es kommt, zusätzlich zur beruflichen Trennung, zur Scheidung.

Zudem darf man nicht unterschätzen, wie sehr die berufliche Position des Mannes in traditionellen Ehen die Identität der Frau mitbestimmt. Auch heute noch ist das Leben der Frau oft sehr unmittelbar durch den Job des Mannes vorgegeben, beispielsweise bei ortsgebundenen Positionen. Verliert der Mann den Job beim einzigen grossen Unternehmen im Ort, muss sich unter Umständen die ganze Familie neu orientieren.

Auch im persönlichen und beruflichen Netzwerk ändert sich vieles. Freundeskreise, Verbände, Klubs definieren sich unter anderem über den Status ihrer Mitglieder. Ändert dieser Status, ändert sich auch die Rolle des Betroffenen in diesen Netzwerken. Gerade bei beruflichen Netzwerken ist die Zugehörigkeit oft an die berufliche Position geknüpft. Funktionen in Branchenverbänden, Engagements in Berufsgremien, Mandate in Verwaltungsräten verliert man sehr häufig zusammen mit dem Job.

Der Verlust des Arbeitsplatzes bedeutet zudem oft das Ende der über Jahre aufgebauten kollegialen Netzwerke. Solche Netzwerke sind abhängig vom gemeinsamen Arbeitgeber. Wenn ein Mensch aus diesem System fällt, ist er einerseits nicht mehr so interessant für die Verbleibenden, weil er nicht mehr Teil der Geschehnisse im Unternehmen ist, und anderseits interessieren ihn diese auch nicht mehr so sehr. Das erzeugt bei den im Unternehmen Verbleibenden oft Hemmungen, in Gegenwart des Betroffenen über die Firma zu reden. Ausserdem sind sie vielleicht froh, dass sie nicht selbst von der Kündigung betroffen sind, fühlen sich schuldig und verhalten sich deshalb anders, befangen. Die Betroffenen, die das spüren, fühlen sich ausgeschlossen und warten misstrauisch auf jedes weitere Zeichen von Ausschluss. So entsteht eine Negativspirale, die im schlimmsten Fall zur gesellschaftlichen Isolation führt.

TIPP *Diese einschneidenden Folgen des Stellenverlusts werden Sie mehr oder weniger stark zu spüren bekommen. Überlegen Sie sich, welche Ihrer Kontakte eng mit dem beruflichen Umfeld zusammenhängen und welche unabhängig davon sind. Konzentrieren Sie sich auf die unabhängigen Kontakte, um Gegensteuer zu geben.*

Materielle Sicherheit

Die Säule der materiellen Sicherheit wird von einem Stellenverlust ebenfalls stark tangiert. Arbeitslosigkeit heisst für die meisten, Einschränkungen in allen Bereichen hinnehmen zu müssen. Wenn jemand nicht gerade finanziell unabhängig ist, können hohe fixe Kosten wie Krankenkassenprämien oder Autoleasing zu grossen Sorgen führen. Hinzu kommt, dass die finanzielle Einbusse die gesellschaftliche Isolierung noch verstärkt. Teilnahme am öffentlichen Leben kostet Geld, sei das nun für einen Theater- oder Kinobesuch, ein Essen mit Freunden, Einladungen, Mitgliedschaften in Klubs oder Vereinen.

INFO *Der durchschnittliche Arbeitnehmende hat finanzielle Ressourcen für drei bis vier Monate ohne Einkünfte. Danach gilt es zu überlegen, wo Abstriche vorgenommen werden können.*

Gesundheit

Die Auswirkungen im «leiblichen» Bereich – wobei hiermit Körper, Seele und Geist im umfassenden Sinn gemeint sind – sind wahrscheinlich die schwierigsten. Oft führt Arbeitslosigkeit zunächst zu Zweifeln an den eigenen Fähigkeiten, zum Gefühl, an der Situation selbst schuld oder aber ein Opfer widriger Umstände zu sein. Das ständige Grübeln über die Situation macht einige Menschen richtiggehend krank. Das äussert sich beispielsweise in Schlafstörungen, Rückenschmerzen, Anfälligkeit für Infektionskrankheiten oder auch in einem verstärkten Konsum von Genuss- und Suchtmitteln.

All diese Empfindungen und Sorgen können sich in einer Negativspirale verstärken, besonders wenn die Stellensuche länger dauert als angenommen oder wenn das Umfeld unterstellt, der Betroffene gebe sich nicht genug Mühe oder er mache etwas falsch.

Gut zu wissen: Fast immer fühlen sich die Betroffenen sowohl körperlich als auch emotional besser, wenn das erste Tief überwunden ist und sie ihr Tun wieder aktiv nach vorn richten. Auch die Auseinandersetzung mit der eigenen Biografie (siehe Seite 60) hilft bei der Erkenntnis, dass man im Leben schon mehrere Probleme konstruktiv bewältigt hat.

Stressfaktor Kündigung

Es gibt eine Hitliste der grössten Stressfaktoren für Menschen – sehr weit oben steht darauf auch die Kündigung, vergleichbar mit dem Tod des Lebenspartners, einer Scheidung oder einer schweren Erkrankung. Ob eine Kündigung zum Stressor oder gar zum Trauma wird, hängt natürlich stark von der eigenen Persönlichkeit ab und auch von den Umständen.

Zu diesen Umständen gehören einerseits der Betroffene selbst und die Chancen, die er sich gibt, wieder in den Arbeitsmarkt zu kommen. Einen Einfluss haben hier das persönliche Auftreten, die Ausbildung wie auch die Weiterbildung in den Jahren der Berufstätigkeit, die Anzahl und Art der bisherigen Arbeitsstellen und dergleichen mehr.

EINE 30-JÄHRIGE MIT UNIVERSITÄTSABSCHLUSS und fünf Jahren Berufserfahrung empfindet eine Kündigung vielleicht auch als persönliches Versagen, wird aber relativ schnell anfangen, vorhandene Chancen zu nutzen.
EIN 50-JÄHRIGER, der die Lehre in der Firma gemacht hat, nie wieder eine Weiterbildung abgeschlossen hat und nach dreissig Jahren Betriebszugehörigkeit entlassen wird, realisiert schnell, dass ein grösserer Effort vor ihm liegt.

Rückhalt in der familiären Situation und im Freundeskreis?
Einen grossen Einfluss hat auch die familiäre Situation. Wie viel Rückhalt oder wie viel Druck spüren Sie vom Partner, von der Partnerin? Wie ist die Rollenverteilung in der Familie? Tragen Sie allein die Verantwortung für das Familieneinkommen? Befindet sich ein Entlassener gleichzeitig in einer Trennungssituation oder ist eines der Kinder ernsthaft krank, wird er wesentlich länger brauchen, um sich beruflich wieder zu orientieren, da nicht die ganze Energie dafür zur Verfügung steht.

Auch für Singles ist es in dieser Phase entscheidend, wie tragfähig und intakt das persönliche Beziehungsnetz ist. Müssen Sie Ihre Wochenenden der Pflege alter Eltern widmen, ohne dabei Unterstützung zu erhalten? Oder gibt es gute Freunde, die Sie auch unabhängig von Status und Gehaltsklasse gern haben? Mehr über die Wichtigkeit von energiefressenden und energiespendenden Faktoren lesen Sie auf Seite 57.

Eine wichtige Rolle bei der «Stressbemessung» spielen zudem die finanziellen Verpflichtungen. Es gibt viele Betroffene, deren finanzielle Planung so eng ist, dass ihnen nur wenige Monate bleiben, um eine neue Arbeitsstelle zu finden. Und interessanterweise gilt hier wirklich das Motto: Wer hoch war, kann tief fallen. Stellenlose der unteren und mittleren Einkommensklasse sind – anders als sehr gut Verdienende – durch die Leistungen der Arbeitslosenversicherung (ALV) meist ausreichend abgesichert.

Und die psychische Situation?
Neben der aktuellen persönlichen Situation hat auch die psychische Grundstimmung einer Person Einfluss auf das Ausmass der Belastung. Wie veränderungsbereit ist ein Mensch, wie konfliktfähig? Wie viel Leben hatte jemand schon bisher ausserhalb der Arbeit? Wie gut kann er oder sie mit Musse umgehen?

Es ist frappierend, wie stark diese persönliche Disposition letztlich entscheidet, ob und wie schnell jemand in einer unfreiwilligen Neuorientierung zurechtkommt. Die nächsten Kapitel werden sich vertieft damit auseinandersetzen. An dieser Stelle nur eine kleine Geschichte, die deutlich macht, wie entscheidend es ist, wie man selber seine Situation bewertet.

ZWEI MÖNCHE GEHEN AUF EINEM WALDWEG und philosophieren über das Leben. Als sie an einen Fluss kommen, sehen sie eine Frau am Ufer stehen. Die Mönche fragen die Frau, ob etwas geschehen sei, und sie antwortet, dass sie auf die andere Seite des Flusses wolle, sich aber wegen der Strömung nicht traue. Der grössere der beiden Mönche bietet ihr an, sie auf seinen Schultern hinüberzutragen. Gesagt, getan – alle kommen wohlbehalten am anderen Ufer an. Die Mönche setzen ihre Wanderung fort und nach einer Weile sagt der kleinere Mönch: «Weisst du nicht, dass es uns verboten ist, eine Frau zu berühren? Wie konntest du diese Frau auf deinen Schultern tragen?» «Ich weiss», erwidert der grössere Mönch, «aber ich habe sie schon vor einigen Kilometern wieder abgesetzt. Warum trägst du die Frau immer noch auf deinen Schultern?»

Entlassung = Entlastung?

Im ersten Moment wird eine Kündigung fast immer als Belastung empfunden. Nur als Belastung? In vielen Fällen ist es doch so, dass – betrachtet man die Dinge mit etwas Abstand – die Kündigung nicht ganz überraschend kam. Sehr oft haben sich die Betroffenen bereits vorher unter- oder überfordert gefühlt, konnten sich mit der Arbeit oder der Firma nicht mehr identifizieren, haben sich im Team oder mit dem Vorgesetzten nicht mehr wohlgefühlt und sind nicht mehr gern zur Arbeit gegangen. Oft sind es solche Missstimmungen, die schliesslich zur Kündigung führen.

In einer solchen Situation ist eine Kündigung nicht nur ein Schock, sondern auch eine grosse Entlastung, eine Befreiung aus einer unbefriedigenden Situation. Und häufig zeigt sich, dass die Angst vor dem sich ankündigenden Ereignis schlimmer ist als dessen Eintreffen.

Überlegen Sie anhand des folgenden Fragebogens, wie gross Ihre On-the-Job-Zufriedenheit wirklich ist.

TO DO: MEINE ZUFRIEDENHEIT MIT DER AKTUELLEN STELLE

Gewinnen Sie Klarheit über Ihre aktuelle Stelle. Gehen Sie die Tabelle durch und bewerten Sie die Aussagen (die Tabelle finden Sie auch unter www.beobachter.ch/download).

Bewertung*	+ 2	+1	0	–1	–2
Ich mag meine Arbeit und gehe abends zufrieden nach Hause.					
Ich fühle mich angemessen gefordert und belastet.					
Meine Arbeit ist abwechslungsreich.					
Mein Freiraum ist meiner Aufgabe entsprechend.					
Arbeitsplatz und Infrastruktur sind optimal.					
Ich identifiziere mich mit den Werten meiner Firma.					
Ich erzähle mit Stolz von meiner Tätigkeit und meiner Firma.					
Ich bekomme Wertschätzung vom Vorgesetzten.					
Ich bekomme Wertschätzung von meinen Kollegen.					
Wir sind ein gutes Team.					
Ich bekomme einen guten und fairen Lohn.					
Die Sozialleistungen sind grosszügig.					
Die Lohnnebenleistungen sind zufriedenstellend.					
Die interne Kommunikation erfolgt klar und umfassend.					
Mein Arbeitsweg ist nicht zu lang.					
Ich habe gute Entwicklungsmöglichkeiten.					
Ich lerne viel Neues.					

Betrachten Sie Ihre Einschätzungen und legen Sie sich ehrlich Rechenschaft ab über Ihre Zufriedenheit mit der jetzigen beruflichen Situation. Haben Sie viele Punkte im Minus-Bereich? Oft ergibt sich ein Bild, aus dem sich schliessen lässt, dass der Jobverlust nicht nur ein Verlust ist, sondern auch eine Befreiung.

*+2: Trifft zu / +1: Trifft teilweise zu / 0: Keine Meinung / –1:Trifft eher nicht zu / –2: Trifft gar nicht zu

Ist Aussitzen eine Alternative?

Wenn man in einer Zeit der Veränderung einerseits darauf warten kann, dass andere agieren, anderseits selbst handeln kann, gibt es noch einen dritten Weg: gar nichts tun – und hoffen, dass auch die andere Seite nichts tut! Es ist die «Love it»-Strategie, ins Negative gekehrt. Im Unternehmen bleiben, aber sich nicht auf die positiven Aspekte konzentrieren, sondern auf alles, was schlecht ist, Probleme schafft. Die häufigsten Gründe für diesen «Dienst nach Vorschrift» sind:

- **Angst vor Saläreinbussen**
  Ein oft geäussertes Argument ist das Thema Geld. Viele langjährige Angestellte haben das Gefühl, dass sie, gemessen an ihrer Funktion, überdurchschnittlich viel oder sogar zu viel verdienen, und denken, dass es schwierig wird, in einem anderen Unternehmen ein ähnlich hohes Gehalt zu generieren. Also bleibt man, auch wenn einem sonst nichts mehr gefällt und der Druck zunimmt, und betrachtet den Lohn als Schmerzensgeld. Ein problematischer Kurs, weil Geld zwar selbstverständlich wichtig ist – besonders, wenn noch andere von einem abhängig sind –, letztlich aber nicht der einzige Grund sein sollte, warum man morgens aufsteht und arbeiten geht. Zudem wird diese Einstellung früher oder später auch vom beruflichen Umfeld wahrgenommen und vermutlich nicht goutiert.
- **Angst vor Misserfolg**
  Ein weiterer Grund, in einer ungeliebten Stelle auszuharren, ist die Annahme, dass man sowieso nichts anderes Brauchbares mehr findet. Manche haben es vielleicht schon ein-, zweimal halbherzig und unprofessionell versucht und dann die Absagen als Bestätigung ihrer These genommen. Auch dies ist nicht wirklich eine gute Grundlage für eine befriedigende Berufstätigkeit. Wenn man wegen eines vermuteten Defizits im alten Job verharrt, macht das nicht selbstbewusster, auch nicht im Umgang mit den Arbeitskollegen und Chefs.
- **Entwertung der Alternativen**
  Eine weitere Strategie des Aufgebens, noch ehe man es richtig versucht hat: die Trauben in Nachbars Garten von vornherein als sauer deklarieren. Es ist doch alles der gleiche Mist, da kann man ja auch gleich im vertrauten Misthaufen sitzen bleiben. Es erübrigt sich zu sagen, dass diese Haltung keine positive Aussenwirkung hat und dass man sich in

erster Linie selbst damit bestraft. Die Arbeit hat in unserem Leben einen so grossen Stellenwert, dass es sich immer und zu jedem Zeitpunkt lohnt, zu hinterfragen, ob sie für einen noch stimmt.

- **Trotz**
  Oft ist das Leiden im Unternehmen konkret verknüpft mit Konflikten in einer Abteilung oder noch häufiger mit Vorgesetzten. Dann geht es für viele ums Nicht-Nachgeben. Ein freiwilliger Wechsel bedeutet für sie, dem Widersacher kampflos das Feld zu überlassen, und das kommt ja überhaupt nicht infrage. Ältere Rechte, Verdienste um die Firma, Erfahrungsvorsprung – alles Munition im Krieg gegen den Gegner. Auch hier ist es jedoch so, dass man am Ende vermutlich sich selbst am meisten schadet.

Der allerhäufigste Grund jedoch, dass Arbeitnehmende im Unternehmen bleiben, obwohl sie nur noch leiden, ist die Annahme, dass es besser werden wird. Es ist erstaunlich, wie lange und hartnäckig Menschen die Realität leugnen und in einem Job ausharren, nur weil sie annehmen, die Zukunft werde es quasi im Alleingang richten und die Probleme würden wie Gewitterwolken vorbeiziehen.

TO DO: MEINE ZUKUNFT IN DIESEM JOB

Reisen Sie gedanklich ein Jahr in die Zukunft. Wie sieht dann Ihre Situation im Job vermutlich aus? Bewerten Sie auf einer Skala von 1 bis 10, wie gross die Chance ist, dass sich die Probleme aufgelöst haben und Sie jeden Morgen glücklich und zufrieden zur Arbeit gehen. Bewerten Sie auf einer anderen Skala von 1 bis 10 die Wahrscheinlichkeit, dass die Situation immer schlechter wird. Vergleichen Sie die Resultate (die Skalen finden Sie auch unter www.beobachter.ch/download).

Situation in einem Jahr

Alles hat sich gelöst.										
Es ist schlimmer geworden.										
	1	2	3	4	5	6	7	8	9	10

Wie gehen Sie die Veränderung an?

Der erste Impuls, wenn eine Veränderung notwendig wird, ist oft Angriff oder Flucht. Verständlich, aber nicht unbedingt zielführend. Sie vergeuden so sehr viel Energie, Zeit und Sympathie Ihres Umfelds – alles Ressourcen, die Sie dringend benötigen. Es gibt bessere Strategien, die allerdings einiges an Zeit und Überlegung benötigen.

Bei uns allen kann es starke Reaktionen auslösen, wenn uns überraschend und oft brüskierend mitgeteilt wird, dass unsere Mitarbeit künftig nicht mehr benötigt werde. Wir reagieren je nach Temperament geschockt, verunsichert, wütend oder hilflos – oft auch deshalb, weil wir viele Jahre im gleichen Unternehmen engagiert waren, uns stark mit unserer Tätigkeit identifizierten und dachten, dass unsere Stelle verbindlich eine Lebensstelle sei. Aber auch Menschen, die von sich aus eine Neuorientierung anstreben, reagieren, haben sie den Entscheid einmal gefasst, oft überstürzt und hektisch.

Angriff oder Flucht?

Diese ersten Reaktionen erinnern dann sehr an die Reaktionsmuster unserer steinzeitlichen Vorfahren bei existenzieller Gefahr: Angriff oder Flucht. In diesem Buch werden Sie bessere Strategien kennenlernen, doch zuerst ein paar Worte zu den oft gesehenen Mustern.

Aktionismus

Eine typische Angriffsreaktion ist übertriebener Aktionismus: Unverzüglich wird mit der Stellensuche begonnen. Ein eilig überarbeiteter Lebenslauf wird sofort in sämtlichen Jobbörsen hinterlegt. Auf jedes auch nur halbwegs passende Inserat wird eine Bewerbung verschickt. Jede Personalberaterin, jeder Headhunter, mit denen man beruflich mal zu tun hatte, wird jetzt in die Pflicht genommen. Der gesamte Bekannten- und Freundeskreis wird mobilisiert, und bei vielen Mittags- oder Abendessen wird ausführlich das unglaubliche Verhalten des Arbeitgebers beklagt. Möglichst viel, möglichst breit, möglichst schnell oder auch: «Wenn etwas nicht funktioniert, dann mach mehr davon.» So ungefähr lautet der Aktionsplan.

Die Haltung dahinter ist oft «nicht mit mir» und «jetzt erst recht». Diese Reaktion ist menschlich verständlich und nachvollziehbar, doch führt sie fast nie zum Ziel. Im Gegenteil: Irgendwann geben die Betroffenen verbittert und erschöpft auf, oft mit der Überzeugung, dass sie halt zu alt seien, zu teuer, mit zu hohen Pensionskassenbeiträgen, über- oder unterqualifiziert – und an wahre Freundschaft glauben sie auch nicht mehr. Das aber ist wirklich problematisch, weil niemand Mitarbeitende einstellt, die schlecht über den alten Arbeitgeber sprechen oder sich selbst zum Opfer stilisieren.

Krieg

Hat der Arbeitgeber gekündigt, besteht eine weitere Angriffsstrategie darin, einen Krieg gegen das ehemalige Unternehmen anzuzetteln. Von der Ombudsstelle über die Anwältin bis zum Arzt wird die ganze Artillerie aufgefahren, um die als ungerecht empfundene Kündigung anzufechten oder dem Arbeitgeber nachzuweisen, dass er einen durch sein Verhalten nachhaltig geschädigt hat. Diese Strategie kann obsessive Züge annehmen, wenn etwa Monate darum gestritten wird, wie die Schlussformel im Arbeitszeugnis zu lauten hat.

Das Ergebnis für die Betroffenen ist in der Regel, dass die ganze Energie, die eigentlich der Neuorientierung zugute kommen sollte, in Grabenkämpfen verpufft, die der vermeintliche Gegner erst noch an völlig unbeteiligte Stellen wie die Rechtsabteilung oder das Case Management delegiert.

Vogel Strauss

Eine andere Bewältigungsstrategie ist die Verdrängung. Betroffene, die diese Strategie wählen, verarbeiten die schlechte Nachricht, indem sie ihr erst einmal aus dem Weg gehen. Falls sie nicht freigestellt sind, verbringen sie die Kündigungsfrist damit, zu hoffen, dass sich die Kündigung als grosser Irrtum herausstellen oder dass sich im Unternehmen dann schon noch eine andere Beschäftigung finden wird. Ist jemand freigestellt oder hat selbst gekündigt, bietet sich auch eine mehrmonatige Reise an, um der unangenehmen Auseinandersetzung mit dem Arbeitsmarkt aus dem Weg zu gehen.

Lähmung

Weniger eine Strategie als eine Stressreaktion ist das Erstarren. Wenn Flucht oder Angriff nicht möglich erscheinen, kann ein Mensch in Ausnahmesituationen körperlich und auch emotional-sozial erstarren. Die Überforderung, negative Erlebnisse und Informationen zu verarbeiten, führt dann zum Einfrieren von Handlungen und Emotionen. Solche Menschen arbeiten auch nach der Kündigung wie unter Schock einfach weiter, als ob nichts passiert sei. Wut, Enttäuschung und andere durch die Kündigung ausgelöste Gefühle werden gar nicht zugelassen, sondern abgeblockt.

Krankheit und Resignation

Immer wieder reagieren Betroffene auch mit Flucht in die Krankheit. Oft beginnt es damit, dass der ehemalige Arbeitgeber mit «Krankwerden» abgestraft werden soll. In einigen Fällen endet diese Art Fluchtverhalten dann aber damit, dass die Betroffenen nie mehr den Mut aufbringen, sich den Realitäten zu stellen, und einfach aufgeben.

Sofort eine Arbeit her

Eine Fluchtstrategie ist es, möglichst rasch eine befristete Stelle oder eine Mandatstätigkeit anzunehmen. Viele Menschen haben die grösste Angst davor, zuzugeben, dass sie im Moment nirgendwo unter Vertrag sind. Dann ist alles besser als nichts. Doch oft ist es sehr viel sinnvoller, die Situation auszuhalten und in Ruhe nach einer tragfähigen Lösung zu suchen. Denn ein temporärer Job verzögert die Suche nach der wirklich passenden Stelle und macht sich in manchen Fällen auch nicht gut im Lebenslauf.

Flucht in die Selbständigkeit

Auch der Weg in die Selbständigkeit kann zu einem Fluchtszenario werden. Man kann sich monatelang damit befassen, eine Website zu erstellen oder das richtige Visitenkartenlayout herauszufinden. Irgendwann wird man aber fast immer feststellen, dass es ungleich schwieriger ist, viele Kunden zu finden als einen neuen Arbeitgeber. Wenn Selbständigkeit als schlechtere Alternative gewählt wird – Motto: Wenn ich nichts finde, dann mache ich mich eben selbständig –, ist das keine empfehlenswerte Strategie. Sie ist zeitaufwendig und erzeugt, gelangt man dann endlich doch auf den Stellenmarkt, dort Erklärungsbedarf.

Eine Ausbildung anpacken

Eine weitere Fluchtstrategie kann sein, eine mehrmonatige oder gar mehrjährige Ausbildung zu beginnen. Dahinter liegt oft die Erkenntnis, dass die eigene Qualifikation nicht mehr konkurrenzfähig ist und dass Jüngere mit einem grösseren Bildungsrucksack auf den Arbeitsmarkt drängen. Trotzdem ist es keine vernünftige Strategie, mit 50 eine umfassende Ausbildung nachzuholen und dafür eine lange Abwesenheit vom Arbeitsmarkt in Kauf zu nehmen – in der Hoffnung, mit diesem Zertifikat eine neue Stelle zu finden.

TIPP *Gut möglich, dass Sie als älterer Berufstätiger Bildungslücken füllen müssen. Doch meist lassen sich diese Lücken überhaupt erst erkennen, wenn Sie die Optionen für die Zukunft definiert haben und konkrete Ziele ansteuern. Dann ist eine zielgerichtete Weiterbildung sinnvoll – sei dies das Erlernen eines branchenspezifischen Computerprogramms oder einer zweiten Landessprache.*

Geplant in die Neuorientierung

So verständlich es ist, die Situation möglichst rasch auflösen zu wollen: Aktionismus und Flucht führen selten zu einer guten und tragfähigen Lösung. Es empfiehlt sich, erst einmal Ruhe zu bewahren und dann in drei gut strukturierten Schritten die Neuorientierung anzugehen. Die drei Stationen dieser Reise sind:

- Eine Standortbestimmung machen – siehe Kapitel 2
- Den Arbeitsmarkt kennenlernen – siehe Kapitel 3
- Eine Stelle suchen – siehe Kapitel 4 bis 6

Das klingt einfach, ist aber zeitlich betrachtet ein Fulltime-Job und verlangt Ehrlichkeit sowie Disziplin in der Umsetzung. So beinhaltet der erste Schritt nicht nur eine Verarbeitung der aktuellen Krise und der vermutlich aufkommenden, sehr starken Gefühle gegenüber dem alten Arbeitgeber, der Chefin oder den Kollegen. Zusätzlich zum Blick in den Rückspiegel braucht es eine Auseinandersetzung mit Ihren Werten, Neigungen und Kompetenzen. Und wer kann diese schon auf Anhieb benennen?

«Die beiden Elemente jeder Veränderung sind
– die eigentliche Veränderung (Change) und
– die Verhaltensänderung (Transition).»

Carl Rogers, amerikanischer Psychologe

Auch der zweite Schritt ist umfassend. In den letzten zwanzig Jahren haben sich sowohl der Arbeitsmarkt als auch der Zugang zu diesem Arbeitsmarkt grundlegend verändert, und sie verändern sich laufend weiter. Um die darin enthaltenen Chancen zu sehen und nicht gleich an der eigenen «Zurückgebliebenheit» zu verzweifeln, muss man umfassende Informationen sammeln und verarbeiten.

Der dritte Schritt schliesslich beinhaltet die Umsetzung aller dieser Erkenntnisse auf dem Arbeitsmarkt. Hierzu gehören umfangreiche Vorbereitungsaufgaben und dann ein entschlossenes, strukturiertes Vorgehen bei der Jobsuche.

ERSTE-HILFE-KIT

Neuorientierung ist ein längerfristiges Projekt, Aktionismus ist nicht zu empfehlen. Ein paar Dinge aber sollten Sie frühzeitig beachten und tun, damit Sie den Rücken frei haben für Ihr gezieltes Vorgehen.

Das Wichtigste gleich vorweg: Gehen Sie sorgfältig mit sich selber um! Veränderungsprozesse sind intensive Prozesse. Wichtig ist, dass Sie sich persönlich weder über- noch unterfordern, damit Ihr Atem für die «Langstrecke» reicht, Sie aber auch nicht auf demselben Fleck stehen bleiben. Am besten orientieren Sie sich an der Drittel-Regelung:

- $\frac{1}{3}$ der Zeit für Ihre Neupositionierung (Stellensuche, Netzwerkgespräche, Bewerbungen)
- $\frac{1}{3}$ für persönliches Wohlbefinden (Sport machen, Menschen treffen, Hobbys pflegen)
- $\frac{1}{3}$ für Weiterbildung (Sprachen lernen, Zeitungen lesen, in der Branche à jour bleiben und neue Branchen kennenlernen)

Zu den folgenden acht Themen sollten Sie sich schon früh Gedanken machen und allenfalls die nötigen Schritte einleiten.

Trennungsstory

Gerade am Anfang einer Neuorientierung – insbesondere wenn diese nicht freiwillig war – ist die Kommunikation der Veränderung eine der wichtigsten und heikelsten Aufgaben. Erarbeiten Sie auf der Grundlage Ihrer Trennungsanalyse und der Trennungsgründe eine Trennungsstory. So sind Sie vorbereitet, wenn Sie im privaten oder beruflichen Umfeld auf die neue Situation angesprochen werden. Wichtig ist, dass die Trennungsstory wahr ist, dass sie möglichst wenig Nachfragen generiert und dass Sie sie souverän erzählen können. Insbesondere sollten Sie es unbedingt vermeiden, über den bisherigen Arbeitgeber zu sprechen oder ihn gar schlecht zu machen. Und stellen Sie sich selbst nicht als Opfer dar, sondern als eine positiv in die Zukunft blickende Person.

BEISPIEL TRENNUNGSSTORY

«2010 kam ich vom Fertigungswerk der ABC AG in Tschechien an unseren Hauptsitz zurück und übernahm die Leitung der Arbeitsvorbereitung. Aufgrund der Geschäftsentwicklung hat die Unternehmensleitung entschieden, die Produktion zu verlagern. Da ein Standortwechsel für mich persönlich keine Perspektive darstellte, haben wir uns auf eine Trennung geeinigt. Ich weiss, was ich an Erfahrung und Know-how anzubieten habe, und bin daher zuversichtlich, dass ich schnell eine neue Aufgabe finden werde.»

Arbeitslosenversicherung

Sie sollten von Anfang an die Möglichkeit einbeziehen, dass Sie eventuell einige Monate «stempeln» müssen, bevor es Ihnen gelingt, beruflich wieder Fuss zu fassen. Machen Sie sich mit den Regeln vertraut, damit Sie nach Ablauf Ihrer Kündigungsfrist keine Schwierigkeiten mit der Arbeitslosenversicherung bekommen. Das Regionale Arbeitsvermittlungszentrum (RAV), bei dem Sie sich anmelden müssen, unterscheidet zwei Pflichten, nämlich:

1. die Pflicht, sich arbeitslos zu melden, und zwar spätestens am ersten Tag Ihrer Arbeitslosigkeit.
2. die Pflicht, alles zu tun, um die Arbeitslosigkeit entweder von vornherein zu vermeiden oder dann möglichst kurz zu halten. Das heisst, Sie müssen Stellen suchen und Ihre Bemühungen auch belegen – und zwar ab dem Zeitpunkt der Kündigung, also während der gesamten Kündigungsfrist, und unabhängig davon, ob Sie freigestellt sind oder noch arbeiten.

Die Informationen des RAV zu den Pflichten der Arbeitslosen werden je nach Kanton unterschiedlich vermittelt, zum Teil an Informationsveranstaltungen, zum Teil auch direkt in der Beratung. Das Amt für Wirtschaft und Arbeit (AWA) in Zürich stellt die RAV-Pflichtinformationen in Form eines E-Learning-Moduls zur Verfügung. Es lohnt sich, diese zu Beginn der Neuorientierung durchzuarbeiten. So vermeiden Sie Überraschungen. Sie finden diese Informationen unter www.awa.zh.ch (→ Arbeitsmarkt → Beratung im RAV → Pflichtinformation).

DIE LEISTUNGEN DER ARBEITSLOSENVERSICHERUNG

Die Leistungen der Arbeitslosenversicherung sind transparent und ebenfalls in der «Pflichtinformation» zu finden. Daher hier nur das Wichtigste:

- Wenn Sie unterhaltspflichtig gegenüber Kindern und Jugendlichen unter 25 Jahren sind, erhalten Sie 80 Prozent Ihres letzten Salärs als Arbeitslosenentschädigung, als nicht unterhaltspflichtige Person 70 Prozent.
- Maximal versichert ist ein Jahressalär von 148 200 Franken (Stand 2016).
- Die ALV zahlt die Entschädigung in Taggeldern aus. Die Anzahl Taggelder variiert je nach Alter, Unterhaltspflicht und Beitragszeit (wie lange haben Sie eingezahlt?). Erwachsene ab 25 Jahren erhalten zwischen 260 und 400 Taggelder. Ab 55 Jahren sind es bei einer Beitragszeit von mindestens 22 Monaten maximal 520 Taggelder. Diese höhere Anzahl Taggelder soll der längeren Suchdauer von älteren Arbeitnehmenden Rechnung tragen und eine Aussteuerung verhindern.
- Der Anspruch auf Taggelder beginnt je nach persönlicher Situation erst nach einer gewissen Wartezeit. Diese hängt von der Höhe des versicherten Verdienstes ab und davon, ob eine Unterhaltspflicht besteht.

Realistisch betrachtet, ist eine Reduktion der monatlichen Bezüge um 20 oder 30 Prozent für die meisten Menschen mit Einschränkungen verbunden. Noch härter trifft es in diesem Fall all jene, die deutlich mehr verdienten als den versicherten Maximalbetrag.

Selber kündigen oder die Kündigung abwarten?

Häufig geben Arbeitgeber ihren Mitarbeitenden die Wahl, selber zu kündigen oder sich kündigen zu lassen. Beide Varianten haben Vor- und Nachteile. Das ist eine Ermessensfrage und hängt stark von Ihren persönlichen Präferenzen ab. Achten Sie aber auf folgende Punkte:

- Kündigen Sie selbst, haben Sie es auf dem Arbeitsmarkt in der Regel leichter, weil unangenehme Fragen nach dem Kündigungsgrund wegfallen.
- Wenn Sie selbst kündigen, gilt die Kündigungsfrist auch für den Fall, dass Sie während der Kündigungsfrist krank werden. Kündigt der Arbeitgeber, haben Krank-

heit und Unfall eine aufschiebende Wirkung: Die Kündigungsfrist verlängert sich – je nach Anstellungsdauer um mehrere Monate.

- Das RAV bzw. die Arbeitslosenversicherung stuft eine Kündigung durch den Arbeitnehmer meist als selbst verschuldete Arbeitslosigkeit ein. Dann drohen je nach Beurteilung des Verschuldens in der Regel 30 bis 40 Einstelltage. Während dieser Zeit erhalten Sie keine Taggelder, müssen aber trotzdem alle Pflichten gegenüber dem RAV erfüllen.
- Der Arbeitgeber muss, sobald Sie Arbeitslosenleistungen beantragt haben, eine Arbeitgeberbescheinigung ausfüllen. Nur wenn er darin ausdrücklich bescheinigt, Ihnen wäre gekündigt worden, hätten Sie nicht selbst gekündigt, werden Sie wie eine gekündigte Person behandelt.

Krankschreibung?

Eine Kündigung ist eine grosse persönliche Belastung, die Folgen für die seelische und körperliche Gesundheit haben kann. Dieser Aspekt wird im nächsten Kapitel noch ausführlich behandelt. Manchmal ist die Belastung so gross, dass man krank wird und eine Krankschreibung und damit das Vermeiden der belastenden Situation unumgänglich wird.

Manchmal allerdings wird dieser Weg auch zu schnell oder vorsätzlich beschritten: Durch eine Krankschreibung geht man nicht nur der belastenden Situation aus dem Weg. Dank der Verlängerung der Kündigungsfrist gewinnt man Zeit. Das ist jedoch eine riskante Strategie: Bei einer mehr als drei Wochen dauernden Krankheit innerhalb der letzten zwölf Monate hat die Pensionskasse des neuen Arbeitgebers das Recht, Informationen über die Art der Krankheit einzuholen. Unter Umständen wird die neue Pensionskasse – zumindest im überobligatorischen Bereich – einen mehrjährigen Vorbehalt für vorbestehende Leiden aussprechen.

Austrittsvereinbarung

Vor allem bei Kaderfunktionen schlagen Arbeitgeber häufig den Abschluss einer Austrittsvereinbarung vor. Diese tritt an die Stelle einer Kündigung; in der Regel ist darin von einer «einvernehmlichen Vertragsauflösung» die Rede. Das hat den Vorteil, dass Sie im Bewerbungsprozess von einer Kündigung im gegenseitigen Einvernehmen sprechen können. Eine sinnvolle Möglichkeit, aber nur, sofern gewisse Regeln eingehalten werden.

Stellen Sie sicher, dass in der Vereinbarung ersichtlich ist, von wem die Trennung initiiert wurde. Wichtig: Ist nachvollziehbar, dass Ihnen bei Nichtunterzeichnen der Erklärung gekündigt worden wäre, werden Sie von der Arbeitslosenversicherung wie eine gekündigte Person behandelt. Eine mögliche Formulierung: «Die einvernehmliche Trennung erfolgt auf Wunsch des Unternehmens.»

Gut und fair formulierte Austrittsvereinbarungen zeigen, dass die Trennung in einem sachlichen, professionellen Klima erfolgt ist, und ermöglichen, wichtige Themen verbindlich zu regeln. Typische Inhalte einer Austrittsvereinbarung sind:

- Rahmenbedingungen der Vertragsauflösung: Austrittsdatum, Freistellung, restlicher Ferienanspruch, anteilsmässige Auszahlung des 13. Monatslohns
- Anspruch auf allfällige Bonuszahlungen
- Verzicht auf die Rückzahlung von Weiterbildungsfinanzierung
- Regelungen zu Firmenhandy, Geschäftswagen und ähnlichen Vergünstigungen
- Aussagen zur Qualifizierung und zu den Formulierungen im Zwischen- und Arbeitszeugnis
- Qualifikation der Trennung in der Arbeitgeberbescheinigung für die Arbeitslosenversicherung (der Arbeitgeber hat den Austritt veranlasst).
- Referenzen: Ansprechpartner, Abmachungen zum Inhalt

Auf arbeitsvertragliche Leistungen, etwa auf Lohnzahlung, sollten Sie auf keinen Fall verzichten. Ein solcher Verzicht kann Ihnen von der Arbeitslosenversicherung bei der Taggeldzahlung angerechnet werden. Sollte eine Abgangsentschädigung vereinbart werden, kann die Arbeitslosenversicherung bei höheren Summen die Taggeldzahlung hinausschieben. Klären Sie diese Fragen mit der Arbeitslosenversicherung vor dem Unterschreiben der Vereinbarung. Längere bezahlte Kündigungsfristen haben keine solchen Folgen.

Arbeitszeugnis

Sie sollten gleich zu Beginn Ihrer beruflichen Neuorientierung ein Zwischenzeugnis verlangen. Das Abschlusszeugnis erhalten Sie erst bei Vertragsende – und bis dann vergehen in der Regel mehrere Monate. Sie haben aber das Recht auf ein Zwischenzeugnis, das sich dann bei Ende der Vertragsdauer ohne viel Zusatzaufwand in ein Abschlusszeugnis umwandeln lässt.

Ein solches Zwischenzeugnis ist – sofern gut formuliert – eine grosse Hilfe bei der Stellensuche. Achten Sie darauf, dass es Ihre Aufgaben vollumfänglich abbildet und dass es fair ist im Verhaltensteil – dem Teil, in dem Ihre Leistungen und Ihre Arbeitsweise, Ihr Umgang mit dem Team, mit Kunden und dem Chef beschrieben und bewertet werden. Wichtig ist auch der Schlusssatz. Dieser sollte nicht im Widerspruch zu Ihrer Trennungsstory stehen, sondern diese im Gegenteil unterstützen.

Bei Unstimmigkeiten können Sie den Verfasser um Korrekturen bitten. Das geht leichter, solange Sie noch im Betrieb tätig sind. Aber führen Sie keinen Krieg um jedes «sehr» oder «vollumfänglich». Solche Gefechte bringen Sie nicht weiter und rauben nur Ihre Energie!

Sozialversicherungen bei Arbeitslosigkeit

AHV/IV/EO: Während Sie Arbeitslosenentschädigung beziehen, sind Sie automatisch beitragspflichtig. Die Beiträge werden direkt von der Arbeitslosenentschädigung abgezogen.

Zweite Säule (BVG) – Risikoschutz: Solange Sie Arbeitslosenentschädigung beziehen, sind Sie für die Risiken Tod und Invalidität obligatorisch in der beruflichen Vorsorge für arbeitslose Personen versichert (nicht aber fürs Alterssparen, siehe nächste Seite). Es handelt sich um eine reine Risikodeckung, ähnlich wie die Unfallversicherung oder die ALV. Die Versicherung umfasst jedoch nur die gesetzlichen Mindestleistungen. Die Beiträge dafür werden von Ihnen und von der Arbeitslosenversicherung je zur Hälfte getragen.

Zweite Säule (BVG) – Altersvorsorge: Eine Beitragspflicht wie bei der ersten Säule besteht nicht. Werden Sie arbeitslos, werden Ihre Freizügigkeitsgelder als Altersvorsorge in einer Freizügigkeitspolice oder auf einem Freizügigkeitskonto beitragsfrei weitergeführt. Wenn Sie später wieder erwerbstätig sind, können Sie die Zeit, während derer keine Altersgutschriften geleistet wurden, freiwillig einkaufen.

Um Deckungslücken zu verhindern, können Sie auf freiwilliger Basis bei der Stiftung Auffangeinrichtung weiterhin Sparbeiträge einzahlen. Da die Beitragspflicht des Arbeitgebers entfällt, müssen Sie beide Anteile übernehmen. Voraussetzung für die Weiterführung sind:

- ein Antrag bei der an Ihrem Wohnsitz zuständigen Zweigstelle der Stiftung Auffangeinrichtung BVG (www.chaeis.net)
- die Überweisung Ihrer Freizügigkeitsleistung an diese Zweigstelle

Die Leistungen der Auffangeinrichtung entsprechen grundsätzlich dem BVG-Obligatorium. Es werden keine überobligatorischen Leistungen versichert.

Unfallversicherung (UVG): Solange Sie Arbeitslosenentschädigung beziehen, sind Sie obligatorisch bei der Suva gegen Unfälle versichert. Sobald Sie keine Arbeitslosenentschädigung mehr beziehen, erlischt dieser Unfallversicherungsschutz. Dann haben Sie die – empfehlenswerte – Möglichkeit, eine sogenannte Abredeversicherung abzuschliessen und so für wenig Geld den Versicherungsschutz um bis zu 180 Tage zu verlängern.

Krankentaggeldversicherung: Viele Betriebe schliessen für Ihre Angestellten eine Krankentaggeldversicherung ab. Deren Versicherungsschutz endet beim Austritt aus der Firma bzw. mit der Aufgabe der Erwerbstätigkeit. Innert 30 Tagen nach Ihrem Austritt können Sie beim Krankentaggeldversicherer des bisherigen Arbeitgebers den Übertritt in die Einzelversicherung beantragen. Oder Sie können bei einem Privatversicherer oder einer Krankenkasse eine Einzelversicherung abschliessen. Beides ist allerdings ziemlich kostspielig.

Finanzplanung

Es ist sicher sinnvoll, zu Beginn einer Neuorientierung eine grobe Finanzplanung zu erstellen. Während der Kündigungsfrist läuft das Salär zwar weiter. Aber was bedeutet es für Ihr Haushaltsbudget, wenn es Ihnen nicht gelingt, eine direkt anschliessende Folgelösung zu finden? Machen Sie eine Aufstellung:

- Was sind Ihre regelmässigen finanziellen Verpflichtungen?
  - Miete und Nebenkosten bzw. Hypothekarzinsen, Amortisation und Unterhalt
  - Versicherungsprämien
  - Kredite
  - Laufende Lebenshaltungskosten
  - Alimente
- Welche finanziellen Ressourcen stehen dem gegenüber?
  - Taggeld der Arbeitslosenversicherung
  - Einkommen Ihres Partners, Ihrer Partnerin
  - Ersparnisse
  - Sonstige Einkünfte
- Wo können Sie nötigenfalls sparen?
  - Ferien
  - Freizeitkosten
  - Anschaffungen

Beispiele, Formulare und Anleitungen finden Sie auf der Website der schweizerischen Budgetberatungsstellen (www.budgetberatung.ch).

2

Die Reise beginnt: Ihre Standortbestimmung

Sie starten bei sich selbst: Gewinnen Sie Selbstvertrauen und setzen Sie sich intensiv mit Ihren Kompetenzen und Fähigkeiten, aber auch mit Ihren Werten, Wünschen und Bedürfnissen auseinander. Sie suchen ja nicht irgendeinen Job, sondern eine Tätigkeit, in die Sie möglichst viele Ihrer bislang gesammelten Erfahrungen und Kenntnisse einbringen können und die Ihnen Raum lässt für persönliche Entwicklung.

Das Steuer in die Hand nehmen

Gleichgültig, was passiert ist: In diesem Kapitel geht es darum, sich mit all dem in Ihrem (Berufs-)Leben zu beschäftigen, was funktioniert hat, und auch mit dem, was weniger gelungen ist. Wie gehen Sie mit Krisen um? Welche Ressourcen stehen Ihnen zur Verfügung? Lernen Sie aus Ihren Fehlern und Erfolgen und nehmen Sie mit dieser Erfahrung das Steuerrad fest in die Hand.

Wie Menschen mit der Notwendigkeit einer Neuorientierung umgehen, ist sehr individuell. Wurde die Neuorientierung durch eine Kündigung ausgelöst, spielt die Art und Weise dieser Kündigung eine grosse Rolle. Wie Ihnen gekündigt wurde, bestimmt mit, wie verletzt und gekränkt Sie sind. Einen Einfluss hat aber auch Ihre eigene psychische Konstitution: Vielleicht können Sie die schwierige Situation relativ schnell überwinden; vielleicht «dreht» das Geschehene aber auch monatelang jede Nacht in Ihrem Kopf und raubt Ihnen alle Lebensfreude.

Mit schwierigen Situationen umgehen

Es gibt kein für alle gültiges Rezept, wie man eine schwierige Situation bewältigen kann. Es gibt aber einige Konzepte und Denkansätze, die dabei helfen, besser mit der Kränkung umzugehen. Vielleicht stehen Sie ganz am Anfang des Neuorientierungsprozesses und sind noch so wütend und verletzt, dass Sie gar nicht ansprechbar darauf sind, konstruktiv mit der anstehenden Veränderung umzugehen. Das ist verständlich. Ein bisschen im «Schmerz suhlen» muss sein, Wunden lecken und auch Tränen trocknen gehören dazu.

«Krise ist ein produktiver Zustand. Man muss ihr nur den Beigeschmack der Katastrophe nehmen.»
Max Frisch, Schweizer Schriftsteller

Doch jenseits aller Diskussionen darüber, wer im «Recht» ist, wer wen abwertend behandelt, gemobbt, gekränkt oder belogen hat: Irgendwann muss die Phase des Selbstmitleids und der Weltverdammung beendet sein. Sie müssen nach vorn schauen und sich konstruktiv mit der Situ-

ation auseinandersetzen. Irgendwann müssen Sie die Zügel wieder in die Hand nehmen!

Bleiben Sie gesund!

Am wichtigsten ist jetzt, dass Sie gesund bleiben. Besonders unfreiwillige Veränderungen können uns in eine Krise stürzen, die sich früher oder später gesundheitlich bemerkbar macht. Gesundheit ist hier in einem sehr umfassenden Sinn gemeint.

Die Definition der WHO (Weltgesundheitsorganisation) beschreibt drei Aspekte der Gesundheit: die körperliche Gesundheit, deren Gegenteil eine Erkrankung ist; die seelisch-geistige Gesundheit, deren Gegenteil eine psychische Erkrankung ist, sowie die soziale Gesundheit, deren Negativwendung Rückzug und Isolation ist. Es gibt noch einen vierten Aspekt der Gesundheit, nämlich die existenzielle oder spirituelle Gesundheit, deren Gegenpol der Sinnverlust oder die Sinnlosigkeit ist.

«Gesundheit ist ein Zustand völligen psychischen, physischen und sozialen Wohlbefindens und nicht nur das Freisein von Krankheit und Gebrechen.»
Weltgesundheitsorganisation (WHO)

Ein Jobverlust gefährdet jeden dieser Aspekte der Gesundheit. Gesundheit ist aber nicht ein Zustand, in dem man ist oder eben nicht ist. Sie ist auch kein Vorrat, den man aufzehrt, bis er zur Neige geht. Gesundheit ist etwas, was Sie aktiv erzeugen können, eine Art Balance, die immer wieder hergestellt werden muss. Ein Ansatz hierzu ist, sich regelmässig zu überlegen: Was macht krank? Und was hält gesund? Und sich dann auf die Dinge zu konzentrieren, die einem guttun.

ES IST WIE IM SPORT: Wenn das Knie schmerzt, können Sie sich die ganze Zeit über die Schmerzen ärgern und darüber, dass Sie jetzt nicht joggen können. Oder Sie besinnen sich darauf, dass der Rest von Ihnen funktioniert, und üben eine Weile lang eine knieschonende Sportart aus.

Das Gleiche gilt auch in Hinblick auf Ihre berufliche Situation. Statt auf Schwierigkeiten und Probleme zu fokussieren, fragen Sie: Was hilft mir bei der Neuorientierung? Was trägt zur Lösung des Problems bei? Wie bewältige ich die Übergangssituation?

Handlungsspielräume erobern

Die gleiche aktive Komponente, die Sie beim Erhalt Ihrer Gesundheit unterstützt, wird Ihnen auch bei der erfolgreichen Neuorientierung helfen. Im Mittelpunkt steht die Aufforderung, sich des Gestaltungsraums im eigenen Leben bewusst zu werden und sich seiner zu bemächtigen. Wenn Sie in dem Gefühl verharren, ein Opfer der Umstände zu sein, ohnmächtig dem ausgeliefert, was über Sie entschieden wurde, dann sind Sie gesundheitlich in Gefahr. Natürlich sind diese Gefühle in manchen Fällen extrem stark und lassen sich nicht einfach abstellen. Aber selbst dann ist es möglich, sich schrittweise der Bereiche bewusst zu werden, in denen man selbstbestimmt ist, und so zugleich langsam Distanz zur Verletzung zu gewinnen.

Ein Hilfsmittel, um sich mit dem Thema Selbstbestimmung auseinanderzusetzen, bietet das in der unten stehende Grafik visualisierte Modell der Stress-Kreise. Es geht darum, wem ich die Verantwortung für meine Situation gebe, wie ich Erlebtes quasi etikettiere. Sehe ich mich selbst als Steuermann oder als vom Wind Getriebener? Habe ich Verbündete oder nur Widersacher? Wo besitze ich Ressourcen? Oder sind da nur Hindernisse, die meinen Vorhaben entgegenstehen? Eine kleine Geschichte soll das illustrieren:

STRESS-KREISE

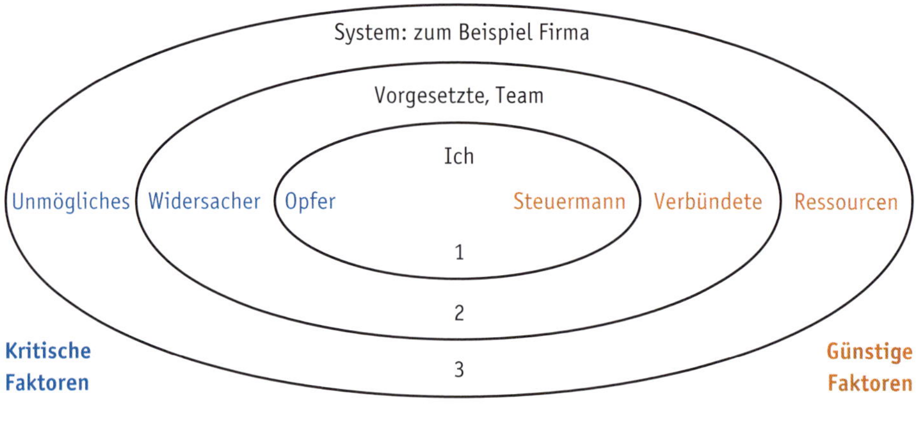

nach: Dr. Daniel Bärlocher, Beraterteam Dr. Nadig + Partner AG

DER INDIANER UND DIE WÖLFE: Ein alter Indianer erzählte seinem Enkel von einer grossen Tragödie und wie sie ihn nach vielen Jahren immer noch beschäftigte. «Was fühlst du, wenn du heute darüber sprichst?», fragte der Enkel. Der Alte antwortete: «Es ist, als ob zwei Wölfe in meinem Herzen kämpfen. Der eine Wolf ist rachsüchtig und gewalttätig. Der andere ist grossmütig und liebevoll.» Der Enkel fragte: «Welcher Wolf wird den Kampf in deinem Herzen gewinnen?» «Der Wolf, den ich füttere!», sagte der Alte.

Hören Sie auf, den bösen Wolf zu füttern! Gerade am Anfang einer unfreiwilligen Veränderung ist es oft so, dass man sich ausgeliefert fühlt, überall Feinde und Verhinderer sieht oder die Umstände sogar als schicksalhaft gegen sich verschworen wahrnimmt. Das ist unangenehm und kann von einem Besitz ergreifen. Hilfreich dagegen ist, sich auf das zu konzentrieren, was unterstützt – auf die eigenen Ressourcen.

TO DO: UNTERSTÜTZUNG IM STRESS-KREIS

Nehmen Sie die Grafik der Stress-Kreise zur Hand. Konzentrieren Sie sich auf die rechte Seite der Grafik und klopfen Sie diese konsequent für sich ab: Wo gibt es trotz der aktuellen Situation Spielraum für eigenes Handeln? Wo haben Sie Verbündete und Helfer? Zeichnen Sie Ihre Erkenntnisse ein (eine Vorlage finden Sie unter www.beobachter.ch/download). Ziel ist es, einen möglichst guten Mix in allen drei Kreisen zu finden, also die eigenen Ressourcen mit denen Ihrer Verbündeten und Ihres Umfelds zu addieren.

Die eigenen Ressourcen stärken

Gesundheit bzw. Krankheit sind das Ergebnis der Stärke der persönlichen Ressourcen auf der einen und der stressauslösenden Faktoren auf der anderen Seite. Natürlich ist der Umgang mit Belastungen auch abhängig davon, wie jemand eine Situation subjektiv bewertet. Was für eine Person vielleicht Alltag ist, nimmt eine andere als Stress wahr, und umgekehrt.

Die Bewertung von Stress ist abhängig davon, über welche persönlichen Erfahrungen und Ressourcen ein Mensch verfügt. Ein Mangel an Ressourcen kann schnell zu einem subjektiven Gefühl der Überforderung und zu noch grösserem Stress führen. Unter Ressourcen versteht man Möglichkeiten und günstige Umstände der Lebensbewältigung, also alles, was hilft und positiven Einfluss auf die Lebensqualität hat (siehe Grafik).

Vielleicht ist es Ihnen gar nicht bewusst, über welche Fülle an Ressourcen Sie verfügen? Einige Beispiele:

- **Persönliche Ressourcen**
  - körperliche Konstitution: körperlich fit, beweglich, gesund
  - geistige Fähigkeiten: geistig beweglich, Ideenreichtum, Fantasie, Humor, Kreativität
  - emotionale Fähigkeiten: Bindungs-, Kommunikationsfähigkeit
  - Bildung und Ausbildung, Erfahrungen
  - Motivation
  - Glaubenssysteme (Religion, Politik), Werte
- **Soziale Ressourcen**
  - Beziehungen in der engeren Familie
  - Beziehungen im weiteren Familienkreis
  - Freunde, Nachbarn, Bekannte
  - Arbeitskollegen, Vereinskolleginnen
- **Materielle Ressourcen**
  - finanzielle Situation: Vermögen, Eigentum, keine Schulden und Verpflichtungen

TO DO: MEIN RESSOURCENRAD

Zeichnen Sie einen Kreis mit mehreren konzentrischen Ringen. In den Mittelpunkt setzen Sie sich selbst. Zeichnen Sie dann einige Segmente ein, die für bestimmte Gruppen stehen (Familie, Arbeitskollegen etc.). Überlegen Sie sich, wer oder was Ihnen in der aktuellen Situation am meisten hilft und Sie unterstützt. Je grösser die Unterstützung, desto näher zur Mitte platzieren Sie diese Person oder diese Sache (eine Vorlage finden Sie unter www.beobachter.ch/download).

BEISPIEL FÜR EIN RESSOURCENRAD

- Wohnung: Grösse, Ausstattung; Ferienwohnung
- Auto

- **Ressourcen im Umfeld**
  - öffentlicher Verkehr: Tram, Bahn, Bus
  - Einkaufsmöglichkeiten in der näheren Umgebung
  - Ärzte, Ämter, Vereine, Kirchengemeinden in der Nähe
  - Kindergarten, Schulen, Freizeitmöglichkeiten in der Nähe

Diese Liste ist natürlich nicht abschliessend. Sie soll nur die potenziellen Ressourcen aufzeigen, die auch Ihnen zur Verfügung stehen. Je nach Situation haben Sie noch viele weitere.

I can – Selbstwirksamkeitserwartung

Selbstwirksamkeitserwartung meint die Überzeugung, dass man dank seiner Fähigkeiten selbst etwas bewirken kann. Sie verfügen über eine hohe

Selbstwirksamkeitserwartung, wenn Sie glauben, auch in schwierigen Situationen etwas tun zu können. Das Konzept geht auf den Psychologen Albert Bandura zurück, der vier Faktoren der Selbstwirksamkeit beschreibt.

Schwierige Situationen kann man bewältigen

Der erste dieser Faktoren ist die Erfahrung, eine schwierige Situation bewältigen zu können. Diese Erfahrung, oft bereits in der Kindheit gemacht,

TO DO: MEINE LEBENSLAUFKURVE

Wie ist das bei Ihnen? Überlegen Sie, vor welchen Herausforderungen Sie in Ihrem Leben schon gestanden haben. Nehmen Sie ein kariertes Blatt und zeichnen Sie eine Lebenslaufkurve, die alle privaten und beruflichen Höhen und Tiefen abbildet, angefangen in Ihrer Kindheit und bis heute (eine Vorlage finden Sie unter www.beobachter.ch/download).

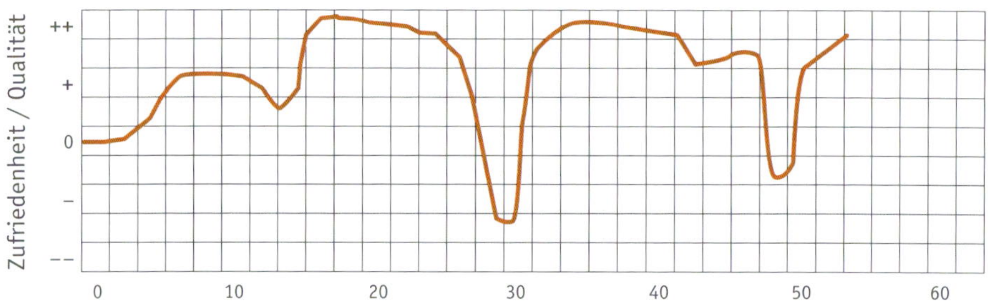

Werten Sie Ihre Kurve aus. Konzentrieren Sie sich dabei auf die Höhe- und Tiefpunkte, weil wir dazu neigen, in besonders kritischen Situationen – also in Situationen, die im negativen wie im positiven Sinn von der Norm abweichen – unsere Fähigkeiten und Verhaltensweisen besonders deutlich zu zeigen.

Betrachten Sie die Höhe- und Tiefpunkte Ihrer Lebenslaufkurve und realisieren Sie zunächst, wie normal solche Bewegungen sind. Überlegen Sie sich dann folgende Fragen:

- Was genau war die Herausforderung oder Situation bei jedem Höhe- und Tiefpunkt? Beschreiben Sie diese, tauchen Sie noch einmal in die Situation ein.
- Wie bin ich damals mit der Situation umgegangen? Was habe ich gemacht?
- Was davon kann ich in der heutigen Situation auch brauchen?

führt dazu, dass Sie überzeugt sind, auch in Zukunft Krisen bewältigen zu können. Wer hingegen auf Misserfolge bei der Bewältigung von Schwierigkeiten zurückblickt, wird sich möglicherweise auch jetzt nichts zutrauen und Herausforderungen meiden. Es zeigt sich, dass Menschen, die die momentane Krise als bloss eine von verschiedenen bereits bewältigten Krisen ansehen, bei der Neuorientierung oft schnell erfolgreich sind.

«Nicht was wir erleben, sondern wie wir empfinden, was wir erleben, macht unser Schicksal aus.»

Marie von Ebner-Eschenbach, österreichische Schriftstellerin

Anderen geht es genauso

Der zweite Faktor für eine hohe bzw. tiefe Selbstwirksamkeit ist das Beobachten von anderen. Wenn Sie sehen, dass eine andere Person eine ähnlich gelagerte Herausforderung meistert, leiten Sie wahrscheinlich automatisch ab, dass das auch Ihnen möglich sein müsste. Leider funktioniert dies auch umgekehrt: Wenn Menschen mit ähnlich gelagerten Schwierigkeiten Misserfolge einstecken, schwächt dies Ihre Selbstwirksamkeitserwartung. Bandura geht davon aus, dass der Effekt umso stärker ist, je ähnlicher sich die Herausforderungen sind.

Dieser Effekt zeigt sich zum Beispiel auch in Workshops und Seminaren, die mit Stellensuchenden durchgeführt werden. Der Austausch von Erfolgsmeldungen – Einladung zu einem Job-Interview, eine erfolgreiche Vertragsverhandlung – hilft, die Selbstwirksamkeitserwartung aller Teilnehmenden zu stärken.

TIPP *Vermeiden Sie in der Zeit Ihrer Neuorientierung bewusst Gespräche oder Lektüre, die sich vor allem um Misserfolge und Schwierigkeiten drehen. Sie schwächen damit bloss Ihre Selbstwirksamkeitserwartung und ziehen sich selbst herunter.*

Andere helfen

Ein dritter Faktor, der positiv auf die Selbstwirksamkeitserwartung einwirken kann, ist die soziale Unterstützung. Wenn Ihr Umfeld das Problem als bewältigbar einschätzt, dann werden auch Sie eher an sich glauben und daher auch eher erfolgreich sein. Auch dieser Effekt ist in der Beratung sofort erkennbar: Klienten mit einem intakten und konstruktiven sozialen Umfeld neigen wesentlich weniger dazu, sofort aufzugeben.

TO DO: MEINE SELBSTWIRKSAMKEITSERWARTUNG

Schätzen Sie selbst ein, wie gross Ihr Selbstvertrauen ist, auch eine schwierige Situation bewältigen zu können (die Tabelle finden Sie auch unter www.beobachter.ch/download).

Punkte*	4	3	2	1
1. Wenn sich Widerstände auftun, finde ich Mittel und Wege, mich durchzusetzen.				
2. Die Lösung schwieriger Probleme gelingt mir immer, wenn ich mich darum bemühe.				
3. Es fällt mir leicht, meine Absichten und Ziele zu verwirklichen.				
4. In unerwarteten Situationen weiss ich immer, wie ich mich verhalten soll.				
5. Auch bei überraschenden Ereignissen glaube ich, dass ich gut mit ihnen zurechtkommen kann.				
6. Schwierigkeiten sehe ich gelassen entgegen, weil ich meinen Fähigkeiten immer vertrauen kann.				
7. Was auch immer passiert, ich werde schon klarkommen.				
8. Für jedes Problem kann ich eine Lösung finden.				
9. Wenn eine neue Sache auf mich zukommt, weiss ich, wie ich damit umgehen kann.				
10. Wenn ein Problem auftaucht, kann ich es aus eigener Kraft meistern.				
Total Punkte				

Auswertung: Je höher Ihre Punktzahl, desto höher ist Ihre Selbstwirksamkeitserwartung.

*4: Stimmt genau / 3: Stimmt eher / 2: Stimmt kaum / 1: Stimmt nicht

Der Körper hilft mit

Als vierten und letzten Faktor der Selbstwirksamkeitserwartung nennt Bandura körperliche Reaktionen auf neue Anforderungen. Wenn jemand unter Druck Stresssymptome wie Schlaflosigkeit, Angst oder Kopfschmerzen entwickelt, frisst das Energie. Schnell erwartet man dann das eigene Versagen – und bekommt es auch prompt bestätigt. Sie können aber auch Gegensteuer geben und beispielsweise gezielt Entspannungsübungen einsetzen. Es gibt Ihnen Selbstsicherheit, wenn Sie die körperlichen Reaktionen in den Griff bekommen, Sie werden mit mehr Mut an die Herausforderungen gehen – und auch diese Erwartung wird vermutlich bestätigt werden. Diesen Effekt, im Positiven wie im Negativen, nennt man Pygmalioneffekt oder die sich selbst erfüllende Prophezeiung.

Es ist daher wichtig, dass Sie die Zeit der Neuorientierung auch für die mentale und körperliche Regeneration nutzen. Das sollten keine leistungsgetriebenen Marathonläufe sein, aber ein wenig moderate Bewegung und Entspannung ist hilfreich.

Workability – Ihre Arbeitsfähigkeit

Ihre Arbeitsfähigkeit (workability) ist eine Wechselwirkung zwischen Ihren individuellen Ressourcen und den Anforderungen Ihres Jobs. Nur wenn beides zusammenpasst, können Sie Ihre Arbeit gut erledigen. Die Arbeits- und Leistungsfähigkeit auch beim Älterwerden zu erhalten, liegt einerseits in der Verantwortung jedes Einzelnen: Sie müssen Ihre persönlichen Ressourcen kennen und Sorge dazu tragen. Anderseits müssen aber auch die Unternehmen ihre Verantwortung wahrnehmen, indem sie lebensphasenspezifische Arbeitsplätze schaffen. Und schliesslich ist es Aufgabe des Staates, die geeigneten Rahmenbedingungen bereitzustellen.

TIPP *Das können Sie selber tun: sich genügend Schlaf und Freizeit gönnen, auf gesunde Ernährung achten und regelmässig Ferien beziehen. Arbeiten Sie nicht zwölf Stunden pro Tag, sondern ruhen Sie auch mal aus. Und gestalten Sie nicht auch noch die Freizeit unter dem Leistungsgedanken.*

Wie es aktuell um Ihre eigene Arbeitsfähigkeit steht, können Sie mit dem Fragebogen auf der nächsten Seite testen. Es handelt sich um eine vereinfachte Version des sogenannten «WAI – Workability-Index». Wenn Sie sich dafür interessieren, finden Sie im Internet mit dem Suchbegriff WAI-Index einen Link zu einem kostenlosen Selbst-Assessment.

TO DO: MEINE BERUFLICHE BEFINDLICHKEIT

Lesen Sie die Fragen sorgfältig durch und vergeben Sie dann Ihre Punkte pro Spalte (die Tabelle finden Sie auch unter www.beobachter.ch/download).

Punkte*	4	3	2	1	Total
1. Physische Kapazität					
Ich bin körperlich gesund.					
Ich fühle mich fit.					
Ich bin normalgewichtig.					
Ich mache mindestens einmal pro Woche Sport.					
Total Punkte					
2. Psychische Kapazität					
Ich fühle mich an meiner Stelle adäquat belastet.					
Ich verfüge über alle Informationen, um angemessene Entscheidungen zu treffen.					
Ich erhalte genügend Rückmeldungen über meine Arbeit.					
Ich kann meine Arbeit in nützlicher Zeit erledigen.					
Total Punkte					
3. Soziale Kapazität					
Ich fühle mich von meinen Vorgesetzten geschätzt.					
Ich respektiere meine Vorgesetzten.					
Ich mag meine Kollegen.					
Ich habe einen regen Austausch mit meinen Kolleginnen und Kollegen.					
Total Punkte					
4. Fachkompetenz					
Ich nutze meine wesentlichen Stärken.					
Ich bin für meine Tätigkeit ausreichend ausgebildet.					
Ich bilde mich regelmässig weiter.					
Ich habe meine Arbeit im Griff.					
Total Punkte					

Punkte*	4	3	2	1	Total
5. Motivation und Arbeitszufriedenheit					
Ich mag meine Arbeit und lerne dazu.					
Die anderen bekommen meinen Einsatz mit.					
Ich möchte diese Arbeit noch lange machen.					
Ich bin rundum zufrieden.					
Total Punkte					
6. Identifikation					
Ich identifiziere mich mit den Zielen meiner Firma.					
Ich unterstütze die Ziele der Firma.					
Ich erzähle gern über meine Firma.					
Ich glaube an die Zukunft der Firma.					
Total Punkte					
7. Befindlichkeit					
Ich fühle mich an der Arbeit gut gefordert.					
Ich fühle mich im Team wohl.					
Bei Problemen helfen meine Kollegen.					
Ich habe eine gute Arbeitsumgebung.					
Total Punkte					
8. Berufungscheck					
Ich würde auch ohne Bezahlung meine Arbeit tun.					
Wenn ich nochmals anfangen könnte, würde ich meine Stelle wieder annehmen.					
Ich bin gern bei der Arbeit und warte nicht bloss auf den Feierabend.					
Ich trage zum Erfolg bei.					
Total Punkte					

Beurteilen Sie selbst, in welchem der Bereiche die Punktzahl hoch ist und wo eher tief. So erkennen Sie für sich persönlich Handlungsfelder.

*4: Stimmt (fast) immer / 3: Stimmt meistens / 2: Stimmt ab und zu / 1: Stimmt weniger

Ruedi Noser

Unternehmer, FDP-Ständerat und Präsident des Branchenverbands ICTswitzerland

Was raten Sie Menschen über 50, die sich auf dem Arbeitsmarkt neu bewähren müssen?

Die ICT-Branche (Informations- und Kommunikationstechnologie) ist relativ jung, darum existieren zertifizierte Lehrgänge und Ähnliches erst seit wenigen Jahren. So können Ältere ihre Qualifikationen oft nicht einfach dokumentieren. Um ihre Chancen zu verbessern, sollten sie ihre Kompetenzen klar und prägnant herausarbeiten. Dabei sind die Unterstützungsangebote der Regionalen Arbeitsvermittlungszentren (RAV) zu empfehlen. Sie bieten auch ein Mentoring-Programm an, das hilft, die Dauer der Stellensuche zu reduzieren.

Wie können Berufstätige mit 50 plus ihre Fähigkeiten aktuell halten?

Grundsätzlich fällt es in die Verantwortung der Mitarbeitenden selbst, ihre Arbeitsmarktfähigkeit zu erhalten. Wenn die Politik hilft, wird das Resultat garantiert schlechter. Aber natürlich braucht es passende Weiterbildungsangebote. Deshalb wird ICTswitzerland in Zukunft Firmen auszeichnen, die Angebote machen, mit denen ältere Mitarbeitende ihre Skills auf neuestem Stand halten können.

Welche Stärken bringen ältere Mitarbeitende in eine Belegschaft ein?

Wir haben soeben eine Studie zu den Arbeitsmarktchancen von Informatikern über 45 durchgeführt. Sie belegt, dass diese Gruppe über exzellente Fähigkeiten verfügt! Auch die These, dass in der ICT-Branche Wissen schneller veraltet und Ältere dadurch automatisch im Nachteil sind, stimmt meiner Meinung nach nicht. Es gibt Wissen um Geschäftsprozesse und Technologien, das man nach wie vor besitzen muss. Es ist auch in unserer Branche möglich, Teams so zusammenzustellen, dass die Menschen bis 65 eine Chance haben.

Werte und Einstellungen

Werte, Bedürfnisse und Einstellungen verändern sich im Lauf des Lebens, Prioritäten werden neu gesetzt. Eine echte Neuorientierung beinhaltet auch die Sinn- und Wertefrage. Vielleicht haben Sie sich viele Jahre lang nicht mehr gefragt, was Ihnen wirklich wichtig ist. Jetzt ist es Zeit dazu!

Das Thema «Werte» ist auf den vorangehenden Seiten schon einige Male aufgetaucht. Ohne eine Auseinandersetzung mit Ihren persönlichen Bedürfnissen und Wertvorstellungen ist eine sinnvolle Neuorientierung nicht möglich. Denn nicht alles, was Sie können, wollen Sie in Zukunft auch wieder tun. Im Gegenteil: Sehr oft ist es in einer Neuorientierung ein Hauptanliegen, dass die neue Tätigkeit den veränderten Bedürfnissen und Werten Rechnung trägt.

Werte: Was ist Ihnen wichtig?

Werte und Bedürfnisse ändern sich. Mit den Jahren werden einige Dinge unwichtiger, andere treten in den Vordergrund. Bei vielen älteren Berufstätigen nimmt zum Beispiel der Wunsch nach Aufstieg eher ab; auch Status und Geld stehen nicht mehr so sehr im Vordergrund. Eine Stelle wird weniger nach Karrieregesichtspunkten beurteilt, sondern mehr nach Kriterien wie Work-Life-Balance, Sicherheit, Wertschätzung, interessante Arbeit, gutes Team, fairer Chef.

Auch die Bereitschaft, sich kritiklos mit den Zielen und Werten eines Unternehmens zu identifizieren, nimmt mit den Jahren oft ab. Je älter Arbeitnehmerinnen und Arbeitnehmer werden, desto häufiger stellen sich viele die Frage, ob die Ziele des Unternehmens überhaupt mit ihren eigenen Zielen übereinstimmen. Viele ältere Mitarbeitende möchten die letzte Phase ihres Berufslebens mit weniger entfremdeter Arbeit verbringen. Das kann das Bedürfnis nach einem konkreten Produkt sein, mit dem man sich identifizieren kann, oder aber auch der Wunsch, zu einem Betrieb zu gehören, der einen stolz macht.

Hinzu kommt, dass viele im Alter von 50, 55 Jahren den Preis für die oft einseitige Ausrichtung auf Beruf und Erfolg zahlen müssen. Private Beziehungen zerbrechen, der Körper und/oder die Seele reagieren auf die jahrelangen Belastungen. Viele von uns haben ihr Leben lang funktioniert und sich selten bis nie die Frage gestellt, ob das für sie überhaupt Sinn stiftet. Und viele haben darüber hinaus ihre Beziehungen zum Partner, zur Partnerin und zu den Kindern vernachlässigt, ebenso die Beziehung zu Freunden und vor allem diejenige zu sich selbst.

Fragt man in der Laufbahnberatung nach den wichtigsten Werten, befindet sich die Familie sehr oft auf Platz 1. Die Frage, wie viel Zeit denn konkret in diesen Wert «investiert» werde, löst dann manchmal Verlegenheit aus. Was wir sagen, ist eben nicht immer das, was wir auch tun. Und manchmal stört uns mit den Jahren diese Diskrepanz. Eine berufliche Neuorientierung ist ein guter Zeitpunkt, um die Prioritäten neu zu setzen und zu erkennen, was sich an den eigenen Werten und Bedürfnissen geändert hat.

TO DO: MEIN LEBENSRAD

Machen Sie, was Ihnen wichtig ist? Überlegen Sie, in welche Bereiche Ihres Lebens Sie Ihre Zeit investieren. Zeichnen Sie ein Rad mit sechs Speichen (eine Vorlage finden Sie unter www.beobachter.ch/download), zum Beispiel:

- Familie
- Beruf und Weiterbildung
- Freundinnen und Freunde
- Sport und Gesundheit
- Hobbys
- Hausarbeit

Schauen Sie sich das Lebensrad an und überlegen Sie zunächst, ob die vorgeschlagenen Bereiche für Sie stimmen. Andernfalls streichen Sie unwichtige und ergänzen die für Sie wichtigeren. Sie haben 100 Prozent Ihrer Wochenzeit (abzüglich Schlaf) zur Verfügung. Verteilen Sie diese auf die Bereiche. Wie sieht das Bild bei Ihnen aus? Soll das in Zukunft so bleiben? Oder möchten Sie Ihre Zeit künftig anders nutzen?

BEISPIEL FÜR EIN LEBENSRAD

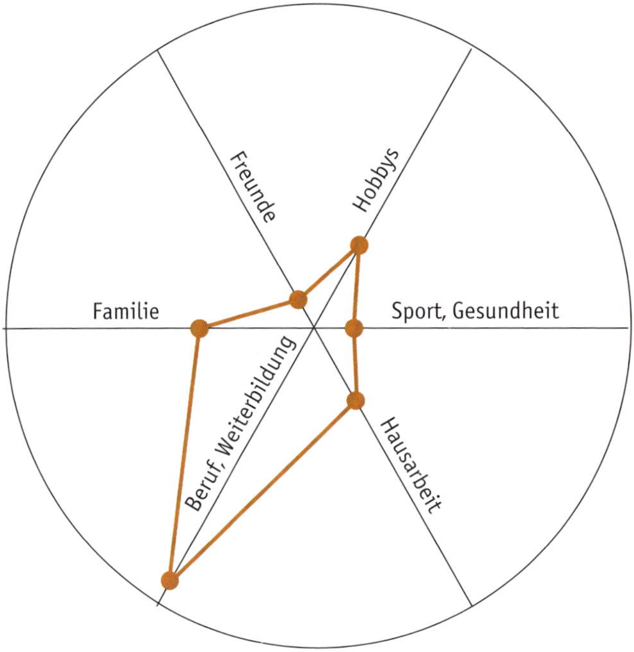

Identifizieren Sie Ihre Werte

Sie haben jetzt die Chance, nicht nur Ihre berufliche Situation zu korrigieren, sondern sich auch noch einmal mit der Sinn- und Wertefrage in Ihrem Leben auseinanderzusetzen. In einem ersten Schritt hilft es bereits, wenn Sie sich einmal überlegen, nach welchen Werten Sie sich heute richten. Einige Beispiele:

- **Materielle Werte:** Haus, Auto, schöne Möbel, Kleider, Schmuck, Restaurantbesuche, Reisen
- **Immaterielle Werte:** Partnerschaft, Gesundheit, Romantik, Familie, Karriere, innerer Frieden, Kinder, Zeit miteinander, Ansehen, Bewunderung, Macht, Natur
- **Verhaltenswerte:** Integrität, Kooperation, Gerechtigkeit, Wertschöpfung, Zivilcourage, Fairness, Besonnenheit, Respekt, Freundlichkeit, Fürsorge, Kultiviertheit, Echtheit, Weisheit

TO DO: MEINE WERTEHIERARCHIE

Überlegen Sie sich jetzt Ihre persönliche Wertehierarchie. Bestimmen Sie die zehn für Sie wichtigsten Werte. Welcher Wert steht auf Platz 1? Können Sie diesen Wert in Ihrem Alltag auch leben? Gibt es Widersprüche zwischen Ihren Werten, also Werte, die sich eigentlich nicht vertragen?

Externe Wertekonflikte

Externe Wertekonflikte, also Konflikte zwischen den eigenen Werten und denjenigen des Umfelds, sind meist nicht offensichtlich und transparent. In der Regel werden sie Ihnen gar nicht bewusst sein, stattdessen äussern sie sich durch Unzufriedenheit oder Stress in Bezug auf einen bestimmten Lebensbereich oder ein Thema. Irgendetwas passt einfach nicht, ohne dass Sie genau beschreiben könnten, woran es liegt. Konflikte, bei denen es um Kleinigkeiten geht, oder bei denen später keiner mehr weiss, worum man eigentlich gestritten hat, haben oft mit unterschiedlichen Werten zu tun, die aufeinanderprallen.

TO DO: MEINE WERTE UND DIE FIRMA

Schauen Sie sich die Liste Ihrer wichtigsten Werte noch einmal im Hinblick darauf an, wie gut Sie diese an Ihrem alten Arbeitsplatz einbringen konnten. Welche Werte wurden in Ihrer Firma gelebt, welche hatte Ihr Chef, welche Ihre Kollegen?

Einstellungen

In engem Zusammenhang mit unseren Werten stehen unsere Grundeinstellungen oder auch «Glaubenssätze». Darunter versteht man Grundannahmen, «Wahrheiten», von denen wir überzeugt sind und die unser Leben oft unbewusst bestimmen. Meist wissen wir gar nicht genau, woher diese Glaubenssätze kommen. Wir haben sie einfach von den Eltern oder von anderen prägenden Menschen in unserem Leben übernommen. Beispiele für solche Glaubenssätze sind:

- Man kann nicht immer gewinnen.
- Das begreife ich nie.
- Dafür bin ich zu alt.
- Das haben wir schon immer so gemacht.
- Frauen sind unsachlich.
- Männer sind immer untreu.
- Nichts ist umsonst auf der Welt.
- Man kann nicht alles haben.
- Das kann auch nur mir passieren.
- Das ist unter meiner Würde.
- Man soll den Tag nicht vor dem Abend loben.
- Was Hänschen nicht lernt, lernt Hans nie mehr.
- Zuerst die Arbeit, dann das Vergnügen.
- Auch ein blindes Huhn findet mal ein Korn.
- Die Dümmsten haben das grösste Glück.
- Den Letzten beissen die Hunde.
- Wer anderen eine Grube gräbt, fällt selbst hinein.
- Wer zuletzt lacht, lacht am besten.
- Die Ersten werden die Letzten sein.
- Schlafende Hunde soll man nicht wecken.

Viele dieser Glaubenssätze haben einen negativen Unterton. Sie haben unterschwellig den Zweck, uns vor Enttäuschungen zu schützen, indem wir die Erwartung möglichst niedrig setzen. Ausserdem erhalten wir oft das, was wir erwarten – in diesem Sinn sind Glaubenssätze auch sich selbst erfüllende Prophezeiungen. Positive Grundeinstellungen können daher auch eine Ressource sein:

- Ich bin ehrlich, Gerechtigkeit ist mir wichtig.
- Jeder ist seines Glückes Schmied.
- Auf mich kann man sich verlassen.
- Ich bin mutig, kann mich durchsetzen; Macht und Verantwortung sind mir wichtig.
- In schwierigen Situationen bleibe ich gelassen.

TO DO: POSITIVE GLAUBENSSÄTZE

Listen Sie die Einstellungen auf, die für Sie Erfolgsfaktoren sind, und auch jene, die Sie in Zukunft lieber über Bord werfen würden. Probieren Sie aus, wie es klingt, wenn Sie negative Glaubenssätze ins Positive kehren. Beispiel: «Man kann nicht alles haben» wird zu: «Warum eigentlich nicht? Ich möchte alles!»

Ihre Kompetenzen

Ihre Kompetenzen sind Ihr stärkstes Argument auf dem Arbeitsmarkt. Deshalb sollten Sie sie gut kennen. Hüten Sie sich dabei vor einer defizitorientierten Betrachtung Ihres Alters, denn dies entspricht nicht der Realität unserer Wissensgesellschaft. Ältere Berufstätige haben andere Fähigkeiten als junge, aber nicht weniger wertvolle. Das eigene Profil wandelt sich im Lauf eines Arbeitslebens. Diesen Wandel sollte man sich bewusst machen, statt sich für sein Alter zu entschuldigen.

Setzt man sich in reiferem Alter mit einer beruflichen Neuorientierung auseinander, ist oft der erste Impuls, sich eine gleichartige oder ähnliche Tätigkeit in einem anderen Unternehmen zu suchen. Sehr oft ist damit auch eine Erwartungshaltung verbunden: Ich habe Buchhalterin gelernt, war immer Buchhalterin, also kommt nur eine vergleichbare Tätigkeit als Buchhalterin infrage.

Manchmal ist diese Strategie richtig. Wenn Sie aber nach einigen Wochen des Nachdenkens feststellen, dass die bisher ausgeübte Tätigkeit Ihnen nicht mehr wirklich entspricht, sollten Sie sie überdenken. Möglicherweise müssen Sie auch erkennen, dass es für Ihr Profil eigentlich keinen Markt mehr gibt. Auch dann bringt es nichts, auf einer gleichwertigen Aufgabe in einem anderen Unternehmen zu beharren.

Die eigenen Kompetenzen orten

Bevor Sie solche Richtungsentscheide überhaupt treffen, sollten Sie wissen, was Sie wirklich können. Und das setzt eine sorgfältige Auseinandersetzung mit Ihren eigenen Fähigkeiten und Kompetenzen voraus. Kompetenzen verschieben sich im Lauf eines Berufslebens. Sie haben sich weiterentwickelt, haben an Ihren Arbeitsstellen neue Aufgaben erhalten, sich vielleicht weitergebildet. Kurz: Ihr Profil jetzt, nach 25 oder 35 Jahren Berufstätigkeit, ist nicht mehr dasselbe wie zu Beginn Ihrer Karriere. Kennen Sie Ihr Profil?

Einige Kompetenzverschiebungen, die sich im Lauf der Jahre ergeben, hängen mit dem Thema Älterwerden zusammen und lassen sich somit bis zu einem bestimmten Punkt verallgemeinern. Sich dieser Verschiebungen bewusst zu sein, hilft einerseits dabei, die eigenen, individuellen Kompetenzen zu identifizieren. Und anderseits kann man sie so bei einem zukünftigen Arbeitgeber «richtig», das heisst generationsspezifisch, verkaufen. Viele Arbeitgeber haben betreffend älterer Arbeitnehmer noch ein starkes Defizitdenken, gehen also implizit davon aus, dass ältere Mitarbeiter sukzessive an Leistungsfähigkeit verlieren. Dieses Defizitmodell hält sich hartnäckig in den Köpfen, obwohl es mittlerweile von der Altersforschung breit widerlegt worden ist.

Was heisst Leistung?

Berufserfolg entsteht aus der Wechselwirkung zwischen Ihren persönlichen Ressourcen und der Arbeit als solcher; er befindet sich in einem ständigen Wandel. Das Älterwerden hat einen wesentlichen Einfluss auf die persönlichen Ressourcen; auch die Arbeit selbst, die körperlich und psychisch mehr oder weniger kräfteraubend sein kann, wirkt sich auf die Ressourcen aus.

Diese Prozesse verlaufen bei jedem Menschen sehr unterschiedlich. Ältere Arbeitnehmer bilden keine homogene Gruppe. Im Gegenteil: Im Alter variieren körperliche, soziale und mentale Fähigkeiten in noch grösserem Mass als bei den Jungen, und das Leistungsvermögen verändert sich sehr individuell. Mit 20 Jahren sind die meisten Menschen bezüglich Kraft, Ausdauer und Beweglichkeit noch ähnlich leistungsfähig, bei den 60-Jäh-

DIE LEISTUNGSFÄHIGKEIT IM VERLAUF DES LEBENS

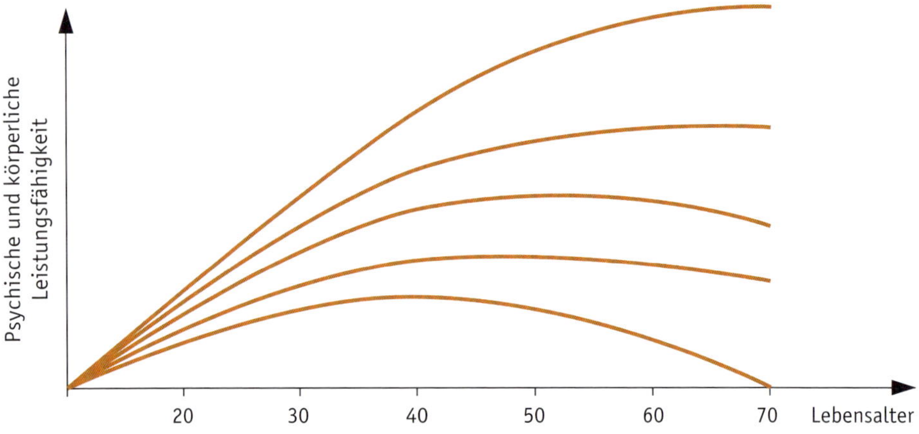

nach: Ilmarinen/Tempel, 2002

rigen gibt es grosse Unterschiede. Ab dem Alter von etwa 45 Jahren beginnen sich die Unterschiede abzuzeichnen.

Die Gleichung «Alter = Abbau» geht von einem Leistungsbegriff aus, der nicht mehr zeitgemäss ist. Der Wandel unserer Gesellschaft von einer Agrar- über eine Industrie- hin zu einer Dienstleistungs- und Wissensgesellschaft hat zur Folge, dass heute weniger körperliche Leistungsfähigkeit gefragt ist. Vielmehr zählt der differenzierte Einsatz von Erfahrung und kognitiven (verstandesmässigen) Kompetenzen.

Körperliche Leistungsfähigkeit

Untersuchungen zeigen, dass die körperliche Belastbarkeit im Verlauf der Jahre nicht zwingend abnimmt – schon deshalb nicht, weil unterschiedliche Berufe diesbezüglich völlig andere Anforderungen stellen. Gerade typische Verschleisserscheinungen, etwa beim Hör- oder Sehvermögen, divergieren wesentlich stärker innerhalb von Altersgruppen als zwischen verschiedenen Altersgruppen – abhängig von den physischen Anforderungen eines Jobs. Die Wahrscheinlichkeit, dass ein 30-jähriger Strassenarbeiter Hörprobleme hat, ist wesentlich grösser als bei einem 60-jährigen Controller.

Die Muskelkraft eines Menschen sinkt mit 50 Jahren auf etwa 70 Prozent ihrer Maximalkapazität. Im Berufsleben werden jedoch normalerweise nur 40 bis 50 Prozent benötigt, um die am Arbeitsplatz geforderte Leistung zu erbringen. Viele, auch sehr junge Menschen, machen heute Krafttraining, damit ihre Muskeln nicht gänzlich verkümmern. Ältere aus dem Arbeitsprozess auszuschliessen, weil es ihnen an körperlicher Kraft fehle, ist in den meisten Fällen absurd – abgesehen natürlich von körperlich sehr anstrengenden Berufen, etwa auf dem Bau, in der Produktion, der Gastronomie oder im Einzelhandel.

Hinzu kommt eine weitere Stärke älterer Arbeitnehmer: Sie gehen meist bewusster und effizienter mit ihren Ressourcen um, weil sie vielleicht schon einmal an ihre Grenzen gelangt sind. Sie achten besser auf ihre Gesundheit und fehlen weniger oft bei der Arbeit.

TO DO: KÖRPERKRAFT UND ARBEIT

Überlegen Sie einmal, wie viel Körperkraft Sie bei Ihrer Arbeit einsetzen müssen. Auf einer Skala von 1 (körperliche Schwerstarbeit, zum Beispiel Strassenbau) bis 10 (rein sitzende Tätigkeit im Büro) – wo würden Sie Ihre aktuelle Tätigkeit einordnen?

Geistige Leistungsfähigkeit

Aber auch im Bereich der geistigen Fähigkeiten zeigt sich, dass das Defizitmodell nicht mit der Realität übereinstimmt. Ältere Arbeitnehmende haben andere Fähigkeiten und Kompetenzen als junge, aber nicht weniger wichtige. Die Entwicklung besonderer Stärken im Alter kann Mängel in anderen Bereichen mehr als kompensieren.

Es gibt ein Zwei-Komponenten-Modell der Intelligenz (nach dem Psychologen Raymond Bernard Cattell), das folgende Intelligenzfaktoren unterscheidet:

- Die **fluide Intelligenz** ist angeboren und wird nicht von der Umwelt beeinflusst. Gemeint sind die geistige Kapazität, die Auffassungsgabe, die Art und Weise, wie Informationen verarbeitet werden. Auch die

Fähigkeit zum abstrakten Denken und die Art, wie neue Problemstellungen gelöst werden, gehören hierher.

- Die **kristalline Intelligenz** hingegen beschreibt alle Fähigkeiten, die im Verlauf des Lebens erlernt werden, also praktisches, erfahrungsbasiertes Wissen. Dazu gehört auch die Fähigkeit zur (Selbst-)Reflexion.

ALTERSBEDINGTE KOMPETENZVERSCHIEBUNGEN

Kompetenzsektoren	Altersbedingte Veränderungen		
	abnehmend	gleichbleibend	zunehmend
Strategisches Denken und Handeln			→
Markt- und Kundenorientierung			→
Fachkenntnisse und Fachwissen			→
Reaktionsflexibilität	←		
Erfahrung, Routine			→
Qualitäts-, Sicherheitsbewusstsein			→
Entscheidungsverhalten		—	
Risikobereitschaft	←		
Lernfähigkeit	←		
Kommunikationsfähigkeit			→
Informationsverhalten		—	
Durchsetzungsverhalten		—	
Kooperationsbereitschaft	←		
Konfliktlösungsfähigkeit			→
Leistungs-, Zielorientierung		—	
Delegationsbereitschaft	←		
Arbeitszufriedenheit			→

Ruedi Winkler: Mehr Ältere als Chance – Herausforderung annehmen, in: Schweizer Arbeitgeber, 20/05

Die fluide Intelligenz nimmt mit zunehmendem Alter eher ab, die kristalline Intelligenz aber wächst, ist sie doch quasi die Summe aller erlernten Erkenntnisse und Erfahrungen. Einen Überblick über aktuelle Untersuchungen zum Thema Arbeitsleistung und Alter gibt die nebenstehende Tabelle.

Die Kompetenzen der Älteren

Übergeordnete Kompetenzen und Ressourcen, die ältere Mitarbeiterinnen und Mitarbeiter mitbringen, sind Erfahrung, Sozialkompetenz, Netzwerk und Reife.

Stärke 1: Erfahrung
Erfahrung ist die wohl zentralste Stärke, die mit dem Alter zunimmt. In diesem Bereich ist auch keine Konkurrenz mit Jüngeren zu befürchten. Erfahrung ist ein wesentlicher Qualifikationsvorteil: Wenn Sie ein Problem oder einen Arbeitsvorgang schon genau so oder ähnlich viele Male gelöst oder bearbeitet haben, reagieren Sie instinktiv richtig. Dieses Wissen um das «Wie» enthält viel Rationalisierungs- und Qualitätspotenzial, sei es in der Führung von Projekten oder Menschen, sei es im Umgang mit Kunden. Eine erfahrene Pflegefachfrau zum Beispiel erkennt die Bedürfnisse der Patienten schneller und wird sie auch souveräner erfüllen können. Aus ihrer langjährigen Tätigkeit weiss sie genau, was es in einer konkreten Situation braucht.

«Gott, gib mir die Gelassenheit, Dinge hinzunehmen, die ich nicht ändern kann, den Mut, Dinge zu ändern, die ich ändern kann, und die Weisheit, das eine vom anderen zu unterscheiden.»

Reinhold Niebuhr, amerikanischer Theologe und Philosoph

Ältere können also Probleme schneller und erst noch in besserer Qualität lösen. Dabei ist Erfahrung keinesfalls gleichzusetzen mit Routine. Routine ist das Abspulen der immer gleichen Arbeitsabläufe; Erfahrung hinterfragt und erkennt Abweichungen von der Routine.

Stärke 2: Sozialkompetenz
In engem Zusammenhang mit der beruflichen Erfahrung steht die häufig grössere Sozialkompetenz älterer Menschen. Lebenserfahrung führt ten-

NOCH MEHR STÄRKEN VON ÄLTEREN

Weitere Stärken ab 50, die weniger mit beruflicher Qualifikation als mit dem Wachstumsprozess des Alterns zu tun haben, beschreibt Ernst Wüthrich, ehemaliger Professor für Betriebswirtschaftslehre an der Fachhochschule Nordwestschweiz: «Private Umstände: geringere Belastung, weniger Sorgen mit Kindern und Partner; Gesundheit: weniger Absenz, bessere Einschätzung eigener Grenzen, sorgsamer Umgang mit eigenen Ressourcen; Psyche: ausgeglichener, souveräner, zuverlässiger, hohes Qualitäts- und Pflichtbewusstsein, Firmentreue, gute Arbeitsmotivation.» ■

denziell zu mehr Menschenkenntnis, zu mehr Verständnis für andere und zur Fähigkeit, auch mit unterschiedlichen Menschen zu kommunizieren.

Stärke 3: Netzwerk

Auch das persönliche und berufliche Netzwerk ist bei älteren Berufstätigen oft viel breiter. Mit den Jahren kennt man die Kunden, Lieferanten und andere Branchenvertreter seines Faches, war zum Beispiel jahrelang in einem Berufsverband engagiert und hat an diversen Weiterbildungen teilgenommen. Vielleicht können Sie ein Problem nicht selbst lösen, aber Sie wissen vermutlich sofort, wen Sie fragen können.

Stärke 4: Reife

Mit der Reife geht oft eine gewisse Gelassenheit einher, ein Kennen und Akzeptieren der eigenen Grenzen wie auch der Gegebenheiten, die sich nicht ändern lassen. Ältere Mitarbeitende sind deutlich weniger aufstiegsorientiert. Mit dieser Haltung können sie – besonders in Kombination mit jungen, ehrgeizigen Mitarbeitern – wohltuende Ruhe in ein Unternehmen bringen.

Ihr persönliches Kompetenzprofil

Neben diesen generationsspezifischen Kompetenzen stehen Ihre individuellen – und auch diese verschieben sich mit der Zeit. Die wenigsten Menschen können klar artikulieren, was ihre herausragenden Fähigkeiten sind. Doch wenn Sie sich neu orientieren wollen oder müssen, sollten Sie sich genau darüber klar werden. Denn nur wenn Sie wissen, was Sie können und eventuell auch besser können als Ihre Mitbewerber, vermögen Sie sich am Arbeitsmarkt erfolgreich zu positionieren.

Also brauchen Sie eine Art Inventar derjenigen Fähigkeiten, die Sie in ein Unternehmen einbringen werden. Überlegen Sie zudem, welche Ihrer Kompetenzen von den Strukturen und Prozessen des alten Arbeitgebers abhängen und welche übertragbar sind auf einen neuen Arbeitgeber und einen neuen Job. Eine solche Inventarliste lässt sich nicht mehr verallgemeinern wie die oben beschriebenen Kompetenzverschiebungen im Alter, sie ist so individuell wie Sie selbst!

Es gibt sehr viele Kompetenzen und auch viele Modelle, die versuchen, diese Vielfalt übersichtlich und sinnvoll gruppiert darzustellen. Häufig sieht man Einteilungen wie die folgende:

- **Methodenkompetenz:** zum Beispiel Zeitmanagement, Planen, Konzipieren, Präsentieren
- **Fachkompetenz:** fachliches Können und Wissen bezogen auf eine bestimmte Arbeit
- **Führungskompetenz:** zum Beispiel Fähigkeit, zu motivieren und zu delegieren; Fähigkeit, Ziele zu setzen
- **Sozialkompetenz:** zum Beispiel Durchsetzungsfähigkeit, Kooperations- und Teamfähigkeit, Netzwerkfähigkeit, Kritik- und Konfliktfähigkeit
- **Selbstkompetenz:** Eigenverantwortlichkeit, Durchhaltewillen, Lernfähigkeit, Veränderungsfähigkeit
- **Unternehmerische Kompetenz:** Kundenorientierung, Verhandlungsgeschick, strategisches Denken, Gewinnorientierung, Innovationsfähigkeit

Bevor Sie sich jetzt aber daran machen, ein Inventar Ihrer eigenen Kompetenzen zu erstellen, erarbeiten Sie im nächsten Schritt zunächst Ihre Leistungen und Erfolge. Diese sind nämlich die Erfolgsgeschichten, mit denen Sie Ihren Kompetenzen «Leben einhauchen».

Leistungen und Erfolge

Sie haben in Ihrem Berufsleben sicherlich viel erreicht. Diese Leistungen sind bezeichnend für die Fähigkeiten und Kompetenzen, die Sie an Ihre nächste Arbeitsstelle mitbringen. Das Werben mit dem guten Namen eines früheren Arbeitgebers, mit Ihrer langen Betriebszugehörigkeit oder dem vielsagenden Titel Ihrer letzten Position allein reicht nicht, um sich im Wettbewerb abzuheben. Sie benötigen Daten, Fakten und Beispiele, die Ihren persönlichen Arbeitsstil und Ihre Stärken erkennen lassen:

- Sie haben den Umsatz gesteigert.
- Sie haben Verbesserungsvorschläge eingereicht und umgesetzt.
- Sie haben die Durchlaufzeiten verkürzt.
- Sie haben Kosten reduziert.
- Sie haben die Rentabilität verbessert.
- Sie haben die Initiative zur Lösung eines Problems ergriffen.
- Sie haben einen Arbeitsablauf neu strukturiert und effizienter gemacht.
- Sie hatten die Idee für ein neues Arbeitsfeld, eine neue Dienstleistung, eine neue Abteilung oder ein neues Produkt.
- Sie haben einen komplexen Plan oder Prozess – vielleicht zum ersten Mal – ausgearbeitet und durchgeführt.
- Sie haben eine Notsituation oder Krise erfolgreich gemeistert.
- Sie haben Auszeichnungen und Lob für berufliches oder privates Engagement erhalten.
- Die Arbeitsleistung Ihres Teams oder Ihrer Gruppe konnte dank Ihrer Ideen und Vorschläge gesteigert werden.

TO DO: MEINE LEISTUNGSLISTE

Rufen Sie sich möglichst viele Ihrer eigenen Leistungen und Erfolge in Erinnerung. Konzentrieren Sie sich dabei nicht nur auf Ihren letzten Arbeitgeber. Lebensläufe von früher, Leistungsauszeichnungen, Beurteilungen, Agenden oder Arbeitskalender können Ihrem Gedächtnis auf die Sprünge helfen.

Haben Sie ausserhalb Ihres Jobs, zum Beispiel im Rahmen gemeinnütziger Aufgaben oder als Mitarbeiter in anderen Organisationen, weitere Leistungen erbracht? Nehmen Sie auch diese Erfolge in Ihre Liste auf. Denn auch diese privat erbrachten Leistungen können wichtige Aussagen über Ihre Qualifikationen sein.

Arbeiten mit der STARS-Technik

Die Liste Ihrer Leistungen und Erfolge ist die Basis, um Ihre Kompetenzen und beruflichen Leistungen mit der STARS-Technik auszuformulieren und zu quantifizieren. Dieses Vorgehen zwingt Sie dazu, sich ganz konkret zu überlegen, was Ihr persönlicher Beitrag bei der Erledigung einer Aufgabe war, welches Ergebnis Sie für Ihren Bereich oder für das Unternehmen erzielt haben. Die Erkenntnisse daraus helfen Ihnen sowohl bei Ihrer Selbsteinschätzung (Was möchte ich machen?) als auch bei der Selbstdarstellung in Unterlagen oder in Bewerbungsgesprächen. STARS steht für:

- **Situation:** Situationen, mit denen Sie am Arbeitsplatz konfrontiert waren und die Sie verändert haben; Herausforderungen, die Sie gemeistert haben; Aufgaben, die man Ihnen gestellt hat oder um die Sie sich gekümmert haben und die Sie aufgrund Ihrer Initiative gelöst haben. Auch Alltagsarbeiten!
- **Target:** Das Ziel, das zu erreichen Sie sich vorgenommen haben oder das Ihnen gesetzt wurde.
- **Aktion:** Die Art und Weise, wie und in welcher Rolle Sie die Aufgabe angegangen sind, also Ihre persönlichen Massnahmen auf dem Weg zur Lösung des Problems.
- **Resultat:** Das erreichte Resultat als sichtbares oder messbares Ergebnis Ihres Handelns. Im Geschäftsleben lassen sich Resultate teilweise quantifizieren, beispielsweise als Einsparungen in Franken, Prozent, Tagen, Personaleinsatz. Wichtig ist, dass Sie solche Angaben in einen Zusammenhang stellen, zum Beispiel mit dem Vorjahr vergleichen.
- **Skills:** Ihre besonderen Fähigkeiten und Stärken, die Sie für die Aufgabe eingesetzt haben. Diese Stärken gilt es herauszuarbeiten und zusammenzutragen. Am einfachsten tun Sie dies, indem Sie Ihre Leistungen und Erfolge durchgehen und sich fragen: «Welche besonderen Kenntnisse und Fähigkeiten waren notwendig, um diese Aktion erfolgreich durchzuführen?» Anhaltspunkte dazu finden Sie auch im Kompetenzenmodell auf Seite 76.

SO KÖNNTE EIN STARS FORMULIERT SEIN: Ich arbeite im Büro einer grösseren Garage und habe den Auftrag erhalten, an alle Kunden, Lieferanten und Mitarbeiter eine Information zu verschicken. (Situation)

Die Information sollte zeitnah verschickt werden. Zudem wollte ich die Aktion für eine Überarbeitung der Adresskartei nutzen. Die Retouren aus dem Mailing sollten systematisch erfasst und nachbearbeitet werden. (Target)

Aus den bestehenden Adressen habe ich über das Mailingprogramm die Versandliste erstellt und dann die Information verschickt. Nicht akzeptierte Adressen, Retouren oder Mails mit Adressänderungen habe ich systematisch auf der Masterliste nachgeführt. Jeder Verkäufer erhielt eine Liste seiner Kunden für Nachfragen. (Aktion)

Die Information wurde rechtzeitig versandt. Die Adressliste ist nun auf dem neuesten Stand. Der Verkauf kann gezielt bei Kunden nachfassen. Und eine nächste Mailingaktion wird schneller und fehlerfreier ablaufen. (Resultat)

Für diese Aufgabe benötigte ich folgende Fähigkeiten: gute IT-Anwenderkenntnisse, einen systematischen Arbeitsstil, Erkennen von Zusammenhängen, Genauigkeit, Kunden- und Verkaufsorientierung. (Skills)

TO DO: MEINE STARS

Wenden Sie jetzt die STARS-Technik an, indem Sie Ihre Leistungen und Erfolge, die Sie aufgelistet haben (siehe Seite 80), als STARS formulieren. Am übersichtlichsten wird es, wenn Sie Ihre STARS in Tabellenform niederschreiben (eine Vorlage finden Sie unter www.beobachter.ch/download).

Situation	Target	Aktion	Resultat	Skills

STARS sind vielseitig einsetzbar

Die Anwendung der STARS-Technik bedeutet einen gewissen Aufwand, zumal Sie sich nicht mit drei, vier STARS zufrieden geben sollten, sondern mindestens fünfzehn formulieren sollten. Der Aufwand lohnt sich!

Mit der sorgfältigen Erarbeitung Ihrer STARS geben Sie sich selbst Rechenschaft über Ihre Alltagskompetenzen, Erfolge und werden sich Ihres persönlichen Arbeitsstils und Ihrer Qualitäten bewusst. Es wird Sie überraschen, was Ihnen nach und nach zu zurückliegenden Ereignissen alles einfällt. Dieses Bewusstmachen der eigenen Leistungen und Erfolge wird Sie stolz machen auf das bisher Erreichte!

Sie werden die STARS in der Folge während Ihrer ganzen Jobkampagne und darüber hinaus brauchen:

- als Basis für Ihren Lebenslauf, Ihr Selbstmarketing und für ein zusammengefasstes Berufsbild
- bei der Definition Ihrer beruflichen Wunschvorstellungen, da Sie ja Ihre Potenziale und persönlichen Eigenschaften in die neue Position einbringen wollen
- in der Vorbereitung auf die Fragen im Bewerbungsgespräch
- wenn Sie Stellung nehmen zu Anforderungsprofilen in Stelleninseraten
- in Ihren Briefen an Unternehmen oder Personalberater, letztlich in der gesamten schriftlichen und mündlichen Kommunikation
- im Gesprächsleitfaden für Ihr Kontaktnetzgespräch
- bei der Formulierung Ihrer Bewerbungsschreiben
- bei der Vorstellungsrunde in den ersten Tagen im neuen Job
- im Alltag an Ihrer neuen Position, sei es in der Probezeit oder in den kommenden Jahren
- zur Vorbereitung auf jedes zukünftige Personalgespräch

Wo liegen Ihre persönlichen Stärken?

Stärken sind positive Eigenschaften, die Sie beschreiben – dies im Hinblick auf die Eignung für eine Aufgabe. Beispiele für Stärken sind: Durchhaltewille, Belastbarkeit, Detailgenauigkeit, Kontaktfreude, Kreativität. Für sich allein genommen sind solche Begriffe aber noch sehr allgemein. Erst durch die Anbindung an eine konkrete Fachkompetenz wird eine Eigenschaft zur Stärke. Für einen Buchhalter ist Detailgenauigkeit eine Stärke, für eine Unternehmensleiterin wird sie schnell hinderlich. Ein kreativer Pilot ist ein Sicherheitsrisiko, aber von einer Werbefachfrau erwartet man Ideenreichtum.

Nicht nur das berufliche Umfeld ist für die Beurteilung von Stärken wichtig, sondern auch das Mass. Die allermeisten Stärken mutieren, wenn sie übertrieben ausgelebt werden, zur Schwäche. Es ist grossartig, wenn Sie Durchhaltewillen haben. Wenn Sie aber dazu neigen, alles durchzuziehen, nur weil Sie damit begonnen haben, dann kann es schnell passieren, dass Sie die Prioritäten falsch setzen.

Wenn Sie sich also jetzt mit Ihren Stärken beschäftigen, dann behalten Sie auch den Kontext und das Mass im Auge!

Sie haben mit der STARS-Technik anhand Ihrer Leistungen und Erfolge eine ganze Reihe von Skills identifiziert, die Sie eingesetzt haben, um diese Erfolge zu erreichen. Wenn Sie die alle untereinanderschreiben, erhalten Sie vermutlich eine längere Liste. Diese Liste sollten Sie in einem nächsten Schritt zusammenfassen.

TO DO: MEINE STÄRKEN KONKRET

Listen Sie alle Skills auf, die Sie bei der STARS-Technik notiert haben. Dann konsolidieren Sie diese Liste: Streichen Sie Mehrfachnennungen, fassen Sie ähnliche Begriffe unter einem passenden Oberbegriff zusammen etc. Schauen Sie das Ergebnis an und entscheiden Sie, welche der jetzt noch aufgelisteten Skills Sie und Ihre Stärken am besten beschreiben. Legen Sie sich auf fünf bis acht solcher Stärken fest. Lesen Sie die Beschreibung Ihrer Person jemandem vor, der Sie gut kennt. Fehlt etwas Entscheidendes?

Nach diesem Schritt sollten Sie eine Liste mit Stärken haben, die Sie und Ihre Arbeitsweise gut beschreiben.

Drehen Sie das Vorgehen jetzt um. Schreiben Sie neben jede Ihrer Stärken einen bis höchstens drei STARS, die diese Stärke treffend beschreiben. Falls Sie keinen passenden STARS finden, überlegen Sie sich, wann und wo Sie diese Stärke gezeigt haben, und schreiben einfach einen weiteren STARS.

Am Schluss sollten Sie eine Liste mit einer überschaubaren Anzahl Stärken (6 bis 10) haben und für jede dieser Stärken unterschiedliche (maximal 3) STARS, die sie konkretisieren (Vorlage unter www.beobachter.ch/download).

Nach all diesen Überlegungen verfügen Sie jetzt über ein gutes Instrument, um Ihre Kompetenzen und Stärken in unterschiedlichsten Situationen hervorzuheben und sie nicht einfach zu behaupten, sondern mit Beispielen aus Ihrer Praxis zu belegen. Sie werden dieses Instrument im Rahmen Ihrer Neuorientierung noch oft brauchen.

3

Ihre Destination: die Arbeitswelt von heute

Gesellschaftliche Veränderungen haben einen direkten Einfluss auf die Arbeitswelt. In diesem Kapitel geht es um die Realitäten des aktuellen Arbeitsmarkts. Was hat sich in den letzten Jahren und Jahrzehnten geändert? Was davon ist für Ihre Neuorientierung relevant?

Arbeitswelt im Wertewandel

Unsere Arbeitswelt wurde seit Ende des Zweiten Weltkriegs von Werten wie Loyalität, Stabilität und Wachstum bestimmt. Wer jetzt zwischen 50 und 60 ist, gehört zur Generation der Babyboomer. Diese Zugehörigkeit ist mit einem generationsbedingten Wertesystem verknüpft. Doch heute sind auf dem Arbeitsmarkt fünf Generationen tätig – und jede Generation hat eigene Wertvorstellungen.

Arbeit ist in unserer Gesellschaft ein wichtiger Grundpfeiler menschlicher Identität. So ist es nicht verwunderlich, dass viele unserer tragfähigsten Wertvorstellungen über die Arbeit definiert werden und dass unsere Werte umgekehrt unsere Vorstellungen von Arbeit bestimmen. Ändern sich gesellschaftliche und wirtschaftliche Rahmenbedingungen und damit auch Arbeitswelten, werden fundamentale Wertvorstellungen infrage gestellt. Anderseits eröffnen sich neue Möglichkeiten, sich weiterzuentwickeln.

Ihre Generation prägt Ihre Werte

Die Vorkriegs- und die Kriegsgeneration sind zwar mittlerweile aus dem Erwerbsleben ausgeschieden. Aber sie haben uns ein Erbe hinterlassen, das erst langsam infrage gestellt wird: die Aufteilung der Biografie in Ausbildung, Arbeitstätigkeit und Pensionierung. Seit der Industrialisierung wurde diese dreiteilige Struktur, die eine Trennung von Leben und

DIE AHV – ERBE DER KRIEGSGENERATION

1984 wurde die Alters- und Hinterbliebenenversicherung (AHV) als Obligatorium eingeführt – im europäischen Vergleich spät. Das Rentenalter betrug für Frauen und Männer 65 Jahre. Erst 1956 wurde es für Frauen auf 63 und 1964 auf 62 Jahre gesenkt, um dann, 1994, wieder auf 64 Jahre erhöht zu werden. Die Lebenserwartung für Frauen und Männer betrug bei der Einführung des Obligatoriums 74 bzw. 66 Jahre. Heute liegt die Lebenserwartung in der Schweiz für Frauen bei 84,8 Jahren, für Männer bei 80,5 Jahren. ■

Arbeiten zur Folge hatte, nie zur Debatte gestellt. Auch das Wertesystem, das mit dieser Art Berufsbiografie einhergeht, blieb lange Zeit unverändert. Implizit erwartete man vom Arbeitgeber einen sicheren Arbeitsplatz, ein Gehalt, das sich der Inflation anpasste, gewisse Aufstiegsmöglichkeiten und möglichst eine indizierte Altersrente. Die Mitarbeitenden bezahlten dafür mit Anpassung, Akzeptanz der Hierarchien, Loyalität und natürlich auch mit Tugenden wie Fleiss, Arbeitseinsatz, Ehrlichkeit.

Nachkriegsgeneration: planbarer Wohlstand

Die Nachkriegsgeneration (1946–1955) erlaubte es sich, Strukturen zu hinterfragen und Sinn- und Wertediskussionen anzustossen. Am grundlegenden Sozialvertrag zwischen Arbeitgeber und Arbeitnehmer, der Sicherheit gegen Loyalität versprach, änderte das aber nichts.

Biografien sind daher, zumindest seit den 50er-Jahren, ziemlich planbar geworden. Die Sicherheit des Arbeitsplatzes und die damit verbundene finanzielle Sicherheit waren die Grundbedingung dieser Planbarkeit. Und so haben die meisten dieser Generation ihr Leben aufgebaut: Hochzeit, Kinder, die Anschaffung des ersten Autos, vielleicht der Kauf eines Eigenheims, die Ausbildung der Kinder und schliesslich der Ruhestand. Diese Pläne basieren auf der nicht ausgesprochenen, aber weitherum geteilten Gewissheit, dass nichts den Trend nach vorn, nach oben, nach mehr je stoppen könne. Das ist kein Problem in einem Land, in dem man seit jeher davon ausgehen kann, dass die meisten Menschen kontinuierlich beschäftigt sind und sein wollen – und zwar dort, wo sie herkommen oder sogar beim immer gleichen Arbeitgeber. Es kann aber zum Problem werden, wenn die Grundlagen dieses Sozialvertrags bröckeln oder sich die Bedürfnisse der Menschen wandeln.

Babyboomer – anything goes

Infolge des zunehmendem Wohlstands und der stetigen Sicherheit in der Nachkriegsgeneration kam es zu den geburtenstarken Jahrgängen – den sogenannten Babyboomern. Dazu zählen, zumindest in Europa, die Jahrgänge zwischen 1956 und 1965, eine Generation, die heute noch dominant in der Gesellschaft vertreten ist. Allein die Grösse dieser Altersgruppe ist ein Grund für die aktuell allgegenwärtigen Diskussionen über Rentensicherheit, Umwandlungssätze in der beruflichen Vorsorge, Pflegenotstand und dergleichen mehr. Die Babyboomer befinden sich zurzeit im «besten» Alter, nämlich zwischen 50 und 60 Jahren, und werden in absehbarer Zeit als grosse Welle das Pensionsalter erreichen.

Die Babyboomer sind in Wohlstand und Sicherheit aufgewachsen. Sie konnten aufbauen auf den Errungenschaften der 68er – etwa auf dem Zugang zu Bildung auch für Kinder aus sozial und ökonomisch schwächeren Familien, auf erweiterten Frauenrechten, Demonstrationsrechten oder gelockerten Moralvorstellungen. Natürlich blieb auch diese Generation nicht von Krisen verschont. Trotzdem ist sie die erste Generation, für die Selbstverwirklichung und freie Gestaltung des eigenen Lebens weitgehend möglich war. Das Motto «anything goes» gilt für alle Lebensbereiche. Ob Ausbildung, Beziehung, Lebensstil – in jeder Hinsicht besteht eine Wahl und die Möglichkeit, das Erwünschte auch zu erlangen.

So ist die Multioptionsgesellschaft entstanden und mit ihr auch die Krux, dass jede Wahl für etwas auch eine Wahl gegen etwas ist. Deshalb werden – anders als in früheren Generationen – Entscheidungen nicht mehr für die Ewigkeit gefällt, sondern für einen bestimmten Lebensabschnitt. Das manifestiert sich etwa in hohen Scheidungsraten oder sich laufend verändernden Freundeskreisen. Patchworkfamilien sind heute der Normalfall. Die Babyboomer erfinden sich dauernd neu, ständige Weiterentwicklung ist Pflicht, denn Stillstand gilt als Rückschritt. Dies führt zu einer zunehmenden Beschleunigung in allen Lebensbereichen. Der durchschnittliche Babyboomer ist zum Teil noch ohne Fernseher aufgewachsen, sicher aber ohne Computer. Er war bereits um die 40 Jahre alt, als das World Wide Web 1989 entwickelt und 1993 einer breiten Öffentlichkeit

TO DO: TECHNOLOGISCHER WANDEL

Überlegen Sie, wann Sie selbst das erste Mal mit folgenden Technologien in Berührung kamen:

- der erste Fernseher?
- Ihr erster PC?
- Ihr erstes Mobiltelefon?
- Wann bekamen Sie Zugang zum Internet?
- Wann fingen Sie an, in sozialen Netzwerken mitzumachen?

vorgestellt wurde. Er war noch ein paar Jahre älter, als er – anfangs vielleicht widerstrebend – sein erstes Mobiltelefon kaufte. Die Babyboomer leben in einer Zeit der permanenten, rasanten Veränderung und sind zugleich die Architekten dieser Veränderung.

Generation X: Individualismus pur

Mit Generation X bezeichnet man die zwischen 1966 und 1980 Geborenen, also jene, die heute zwischen 35 und 50 Jahre sind. Diese Altersgruppe ist ohne materielle Sorgen aufgewachsen und gilt als eher unpolitisch. Ihr Hauptstreben ist auf individuelles Glück gerichtet. Die Generation X profitiert vom Wohlstand der Vorgängergeneration, ohne sich besonders für deren politische und ökologische Hypotheken zu interessieren.

Trotzdem hatte und hat es auch diese Generation nicht immer ganz einfach. Die Ansprüche beim Eintritt in den Arbeitsmarkt sind auch für gut ausgebildete Berufseinsteiger immer mehr angestiegen, während die Flexibilität von Unternehmen, auch in Mitarbeitende zu investieren, gesunken ist. Die Unsicherheit auf dem Arbeitsmarkt überträgt sich auch auf andere Bereiche. Wenn man unsicher ist, ob man seinen Job morgen noch hat oder vom Unternehmen kurzfristig in ein anderes Land versetzt wird, wird eine Familiengründung zum unkalkulierbaren Wagnis. Entsprechend zeigt sich die Generation X gegenüber ihren Arbeitgebern nur noch kurzfristig loyal, fokussiert vielmehr die eigene Karriere und hält individualistische und materielle Werte hoch. Diese Altersgruppe ist heute im besten Erwerbsalter, sehr gut ausgebildet und hoch leistungsfähig.

Generation Y – flexibel und unabhängig

Ebenfalls bereits auf dem Arbeitsmarkt und auf dem Höhepunkt der Leistungsfähigkeit ist die Generation Y, also die Geburtsjahrgänge ab 1981. Die Werte, die diese Generation in die Arbeitswelt einbringt, sind hohe Lernflexibilität, Technologieverständnis und Mobilität.

Spätestens diese Altersgruppe glaubt nicht mehr daran, dass eine Biografie sich noch im klassischen Drei-Stufen-Programm verwirklichen lässt. Entsprechend verändern sich Lebensläufe: Es werden mehrere Aus- und Weiterbildungen gemacht, der Arbeitsgrad ändert sich im Lauf der Karriere flexibel. Der Arbeitsort ist offen, Auslandsaufenthalte sind an der Tagesordnung, ebenso Firmen- und Branchenwechsel oder eine temporäre Tätigkeit als Selbständigerwerbende.

Generation Z: Rückkehr ins Private?

Es gibt noch eine weitere Generation auf dem aktuellen Arbeitsmarkt, die Generation Z, also die nach 1996 Geborenen. Diese Generation startet heute mit Anfang 20 gerade die Berufskarriere, und es ist noch nicht absehbar, welche Werte sich hier schliesslich manifestieren werden. Laut Christian Scholz, Professor an der Universität Saarbrücken und Autor des Buches «Generation Z», zeichnet sich aber eine überraschende Wende ab: Die Werte entwickeln sich wieder weg von einseitig beruflicher Leistung. Stattdessen wird das Privatleben wichtiger, und die Arbeit gilt nur als Mittel zum Zweck, reduziert auf den Zeitraum zwischen neun und fünf. Auch der Wunsch nach klaren Strukturen ist wieder da und der nach einer Trennung von Privat und Beruf. «Raus aus dem Hamsterrad!» ist die Devise und «Yolo – You only live once».

Die digital Natives der Generation Z sind desillusioniert von den weltweiten Krisen. Sie wissen, dass Arbeitsplätze und Pensionsansprüche nicht sicher sind, und haben bei ihren Eltern gesehen, wohin ständige Erreichbarkeit und Mobilität führt. Dieses Leben erscheint den Jungen nicht erstrebenswert, und so ist eine Tendenz zur Abschottung und Leistungsverweigerung auszumachen.

TO DO: MEINE ARBEITSGENERATION

Zu welcher der beschriebenen Generationen gehören Sie? In welchen Werten erkennen Sie sich wieder? Nehmen Sie die Werte zur Hand, die Sie in Kapitel 2 notiert haben, und überlegen Sie sich, welche davon generationsbedingt sind.

Fünf Generationen – ein Arbeitsmarkt

Ein halbes Jahrhundert und fünf Generationen – das klingt episch. Doch die fünf beruflichen Generationen, von denen oben die Rede ist, sind heute alle mit Ihnen auf dem gleichen Arbeitsmarkt tätig. Die Babyboomer und Teile der Generation X gehören zur Altersgruppe 50 plus, der demo-

TO DO: MEIN ARBEITSUMFELD

Analysieren Sie Ihr Umfeld im Job unter dem Werteaspekt: Wer in Ihrer Abteilung oder Ihrem Bereich gehört zu welcher Generation, und in welchen Verhaltensweisen zeigt sich das? Gibt es Reibungspunkte mit Ihren eigenen Werten?

grafisch grössten Gruppe. Jede Berufsgeneration bringt spezifische Neigungen, Werte und Kompetenzen ein – und verteidigt diese bei Bedarf natürlich auch gegenüber Vertretern der anderen Generationen.

Technologische, strukturelle und konjunkturelle Veränderungen haben in den letzten 50 Jahren zu einem umfassenden gesellschaftlichen Wandel geführt. Mit diesem Wandel sind grosse Veränderungen auf dem Arbeitsmarkt einhergegangen. Neue Arbeitsformen, neue Funktionen, neue Branchen – kaum jemand wird heute noch im ursprünglich erlernten Beruf pensioniert. Zwar sind die Veränderungen auf dem Arbeitsmarkt nach und nach entstanden. Dennoch: Viele über 50, die sich beruflich neu orientieren müssen, sind vom Ausmass der Umgestaltung überrascht.

Vielleicht ankern auch Sie so sehr in den Überzeugungen Ihrer eigenen Generation, dass Sie versäumt haben, sich mit denen der anderen Generationen auseinanderzusetzen? Diese Überzeugungen, nämlich dass eine gute Ausbildung, Loyalität gegenüber dem Arbeitgeber, Ehrlichkeit und Fleiss, Mitdenken und Einsatz ausreichen, um erfolgreich zu sein, wurden ja auch viele Jahre bestärkt. Umso grösser die Verunsicherung, wenn eine berufliche Veränderung bevorsteht und Sie feststellen, dass es den Ihnen bekannten Arbeitsmarkt so gar nicht mehr gibt, dass heute andere Regeln und Gesetzmässigkeiten herrschen.

Marlies Hubert

Corporate Head of HR Business Partnering,
Panalpina

Was raten Sie Menschen über 50, die sich auf dem Arbeitsmarkt neu bewähren müssen?
Es ist wichtig, aufgeschlossen zu bleiben, etwa gegenüber neuen Technologien wie den sozialen Medien. Dazu gehört auch, sich bewusst mit jungen Leuten zu umgeben.

Wie können Berufstätige mit 50 plus ihre Fähigkeiten aktuell halten?
Ganz ehrlich: Immer wenn ich höre, dass ein spezielles Weiterbildungsprogramm für Menschen über 50 aufgelegt wird, frage ich mich: Braucht es das? Und meine Antwort lautet: Nein.

Wir bringen ältere Mitarbeitende bewusst in Projekte, in denen sie mit jüngeren zusammenarbeiten. Es ist wichtig, Foren zu schaffen, in denen die Generationen ganz selbstverständlich aufeinandertreffen. Der Wissenstransfer sollte übrigens nicht nur in eine Richtung laufen. Wir werden Neueinsteigern häufiger ältere Mentoren zur Seite stellen – davon profitieren beide Seiten.

Welche Stärken bringen ältere Mitarbeitende in eine Belegschaft ein?
Ältere Kollegen bringen Stabilität und Kontinuität in die Organisation. Das ist gerade jetzt wichtig, wo die Generationen X und Y nachrücken, die häufiger die Stelle wechseln. Zu den Stärken gehören zudem eine gewisse Gelassenheit im hektischen Geschäftsalltag und die Fähigkeit, über den Dingen zu stehen. Das tut Teams gut. Daneben bringen Ältere viel Erfahrung und Wissen ein. Ein Beispiel: Wir führen im Moment ein neues SAP-System ein. Da braucht es Leute, die unsere Prozesse in- und auswendig kennen. Hier ist ganz klar die Erfahrung der Älteren gefragt. Und nicht zuletzt bringen langjährige Mitarbeitende ein gutes Verständnis für fremde Kulturen mit. Das spielt in unserem internationalen Geschäft eine grosse Rolle.

Demografischer Wandel als Chance

In den Industrieländern ist die Lebenserwartung in den letzten hundert Jahren dramatisch gestiegen und mit ihr auch die Lebensqualität und die Gesundheit der Generation 50 plus. Dadurch entsteht ein historisch einmaliger Gestaltungsspielraum.

Über den demografischen Wandel ist bereits viel geschrieben worden und es gibt ausführliche Analysen möglicher Zukunftsszenarien. Für Sie persönlich ist dabei wahrscheinlich wenig interessant, wie die Hochrechnungen für das Jahr 2050 lauten. Doch der demografische Wandel findet bereits jetzt statt. So erreichen in den nächsten zehn Jahren fast eine Million Menschen in der Schweiz das Pensionsalter. Bei einer Erwerbsbevölkerung von ungefähr fünf Millionen, verteilt auf drei Millionen Vollzeitstellen, entsteht sukzessive eine Lücke, die nur zu schliessen ist, wenn man auch auf ältere Mitarbeitende zurückgreift bzw. wenn diese so lange wie möglich im Arbeitsprozess bleiben.

Lebenserwartung: Es geht um viele Jahre

Die durchschnittliche Lebenserwartung in der Schweiz beträgt für Männer heute 80,5 Jahre, für Frauen 84,8 Jahre. Ob und wie die Lebenserwartung sich in Zukunft entwickeln wird, dafür existieren unterschiedliche Szenarien. Schaut man zurück auf das letzte Jahrhundert, hat sie sich jedenfalls stetig erhöht. Genau genommen hat sie sich seit 1900 fast verdoppelt: von 46,2 auf 80,5 Jahre für die Männer und von 48,9 auf 84,8 Jahre für die Frauen. Ein Mann, der heute 50 Jahre alt ist, hat durchschnittlich noch 32,2 Lebensjahre vor sich, eine gleichaltrige Frau 35,8 Jahre. Eine Neuorientierung in diesem Alter betrifft also einen umfassenden Lebensabschnitt.

Die steigende Lebenserwartung, verbunden mit einer tiefen Geburtenrate, führt zu einer Alterung der Gesellschaft. Der Altersmedian – die eine

Hälfte der Bevölkerung ist älter, die andere jünger – liegt heute in der Schweiz bei 42,3 Jahren.

Für die Generation 50 plus bedeutet die höhere Lebenserwartung zunächst einmal eine deutliche Verlängerung und voraussichtlich auch qualitative Verbesserung der Zeit, die noch vor einem liegt. Mit 60 gehört man heute zu den «jungen Alten», das «richtige» Alter beginnt erst mit 80. Diese Entwicklung ist eine grosse Chance, sie fordert aber auch eigenverantwortliches Handeln. Denn wie in Kapitel 2 gezeigt: Jeder und jede trägt – zumindest teilweise – die Verantwortung dafür, dass er oder sie gesund bleibt.

Erwerbsquote: Wie viele Ältere haben Arbeit?

Betrachtet man den Arbeitsmarkt, dann gehört die Schweiz mit einer Erwerbsquote von 71 Prozent für die Gruppe der 55- bis 64-Jährigen im internationalen Vergleich zu den Spitzenreitern. Nur Norwegen und Schweden erreichen leicht höhere Werte. Noch vor 20 Jahren lag die Erwerbsbeteiligung der Älteren bei 62 Prozent; sie wurde also stark ausge-

ARBEITSLOSENQUOTE NACH ALTERSKLASSEN, 1990–2014

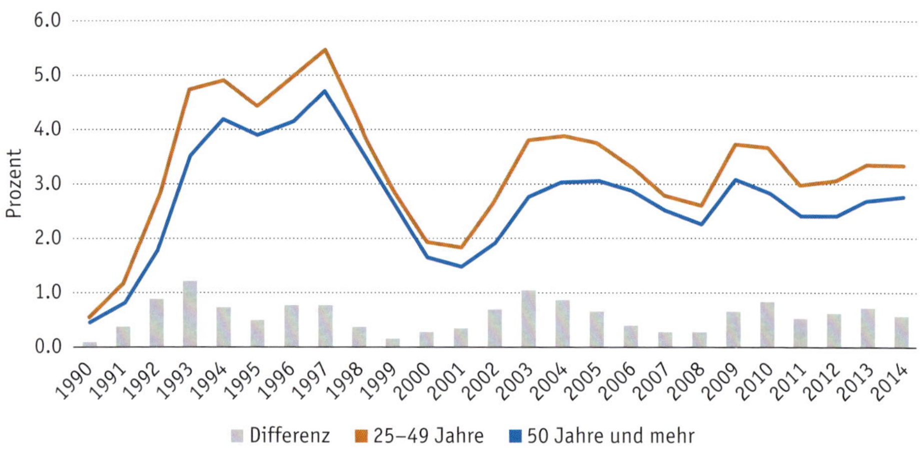

Quelle: Indikatoren zur Situation älterer Arbeitnehmerinnen und Arbeitnehmer auf dem Schweizer Arbeitsmarkt, BFS

baut. Der Anstieg erklärt sich primär dadurch, dass die Frauen wegen der Erhöhung des Pensionsalters heute länger erwerbstätig bleiben. Hinzu kommt ein Rückgang der Frühpensionierungen.

Schweizerische Arbeitnehmende sind im Durchschnitt 41,4 Jahre alt, das Durchschnittsalter von Führungskräften liegt bei 45,5 Jahre (Bundesamt für Statistik, 2014). Immer mehr Erwerbstätige gehören zur Gruppe der 50- bis 65-Jährigen. Bereits heute gehören 31,3 Prozent der Erwerbstätigen in der Schweiz dazu, und die Prognosen gehen davon aus, dass diese Gruppe 2020 mit 35,2 Prozent den grössten Anteil an der Erwerbsbevölkerung haben wird.

In wenigen Jahren wird also jeder dritte Arbeitnehmende über 50 Jahre alt sein. Deshalb ist es weder für den Einzelnen noch für die Unternehmen eine sinnvolle Option, die älteren Berufstätigen zu ignorieren oder als auf dem Markt nicht mehr vermittelbar zu diskriminieren. Auch die in den 90er-Jahren bevorzugte Lösung, ältere Angestellte früher zu pensionieren, wird heute deutlich zurückhaltender angewandt. Zu oft ging dadurch sehr viel betriebliches Wissen und fachliches Know-how verloren. Und nicht wenige dieser Frühpensionierten wurden kurz darauf als Beraterinnen, Freelancer, Projektleiterinnen wieder eingestellt oder arbeiteten in einer anderen Firma weiter.

Wie hoch ist die Erwerbslosenquote?

Relevant ist neben der Lebenserwartung und der Erwerbsquote auch die Erwerbslosenquote. Diese liegt in der Schweiz für Menschen im Alter zwischen 55 und 64 Jahren sehr tief. Verglichen mit jüngeren Berufstätigen ist diese Altersgruppe unterdurchschnittlich von Erwerbslosigkeit betroffen. Und diese Zahlen sind nicht eine kurzfristige Erscheinung, sondern vielmehr Teil eines langfristigen Trends. Seit mehr als 20 Jahren liegt die Erwerbslosenquote älterer Arbeitnehmer 0,5 bis 1 Prozentpunkt unter der Gesamtarbeitslosenquote.

Und was ist mit den Ausgesteuerten?

Wer seinen Taggeldanspruch bei der Arbeitslosenversicherung aufgebraucht hat (siehe Seite 46), wird ausgesteuert – und taucht in den Statistiken nicht mehr auf. Wie viele Menschen sind betroffen?

Laut einer Studie des Bundesamts für Statistik vom November 2014 ist die Zahl der Personen, die jedes Jahr ausgesteuert werden, seit 1995 weitgehend stabil. Betroffen sind pro Jahr durchschnittlich rund 30 000 Personen. Die Mehrheit der Ausgesteuerten – sieben von zehn – stehen nach fünf Jahren wieder im Beruf, rund die Hälfte bereits nach zwölf Monaten. Nach fünf Jahren sucht noch einer von zehn Ausgesteuerten eine Stelle, während zwei sich vom Arbeitsmarkt zurückgezogen hat. Einige Gruppen sind im Vergleich zur Gesamtbevölkerung besonders betroffen: über 45-Jährige, Personen ohne nachobligatorischen Schulabschluss, Ausländerinnen und Ausländer, Frauen und allein lebende Personen mit oder ohne Kinder.

Entlassungsrisiko und der Weg zum neuen Job

Die Befürchtung, dass Ältere eher entlassen werden – weil sie zum Beispiel zu teuer sind –, lässt sich, obwohl häufig geäussert, statistisch nicht belegen. Eine Sonderauswertung der jährlichen Arbeitskräfteerhebung (Sake) zeigt, dass viel häufiger andere Gründe als eine Entlassung zu einem unfreiwilligen Abgang aus der Erwerbstätigkeit führen. Und dass ältere Erwerbstätige seltener von unfreiwilligen Vertragsauflösungen betroffen sind als jüngere.

GRÜNDE FÜR EINEN UNFREIWILLIGEN ABGANG AUS DER ERWERBSTÄTIGKEIT, 2010–2013

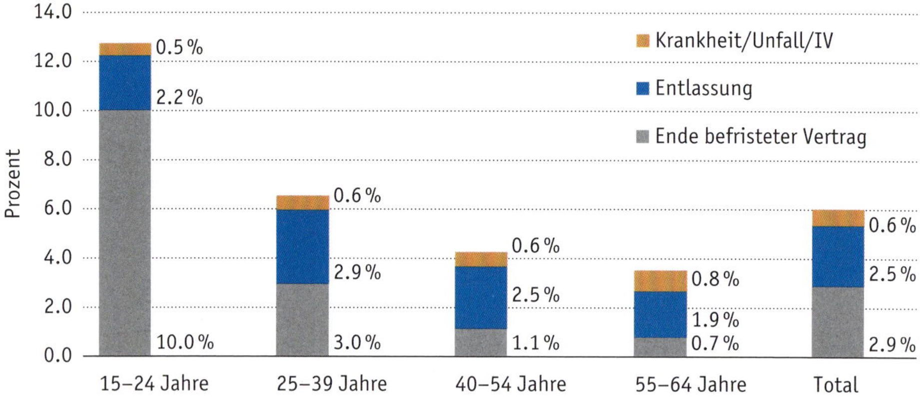

Quelle: Indikatoren zur Situation älterer Arbeitnehmerinnen und Arbeitnehmer auf dem Schweizer Arbeitsmarkt, BFS

Längere Stellensuche nötig

Tatsache ist aber, dass in der Gruppe der Langzeitarbeitslosen gemäss dem Staatssekretariat für Wirtschaft (SECO) 41,7 Prozent 50 bis 65 Jahre alt sind. Das ist deutlich mehr als bei den anderen Altersgruppen. Ältere Arbeitnehmer in der Schweiz sind also zwar seltener von Arbeitslosigkeit betroffen als jüngere; sind sie aber einmal arbeitslos, brauchen sie länger, um wieder eine Stelle zu finden.

Eine nicht für den ganzen Markt repräsentative Statistik über Outplacement-Klienten (Stichprobe ca. 1000 Personen) bestätigt diesen Befund (siehe unten stehende Grafik). Allerdings wurde auch festgestellt, dass die Suche für die Altersgruppe 50 plus nicht so viel länger dauert, wie es teilweise in der Öffentlichkeit kolportiert wird. Als Faustregel ergibt sich ein Verhältnis von 5 Jahre : 1 Monat: Ein 55-Jähriger sucht also in der Regel einen Monat länger als ein 50-Jähriger.

Für diese längere Suchdauer gibt es verschiedene Gründe. Wichtig ist für Sie zu Beginn einer Neuorientierung insbesondere, dass Sie sich darüber im Klaren sind, dass eine Stellensuche immer einige Zeit in Anspruch nimmt. Auch ein 30-Jähriger, der einen wohlüberlegten nächsten Schritt

SUCHDAUER VERSCHIEDENER ALTERSGRUPPEN

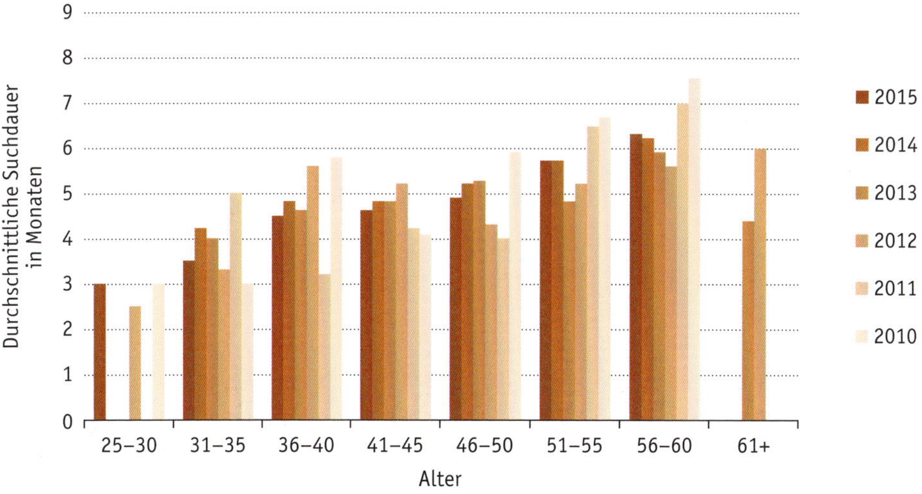

Quelle: Klientenstatistik 2010–2015, Dr. Nadig + Partner

machen möchte, sollte sich von der Vorstellung verabschieden, dass er zum nächsten Monatsanfang bei einem neuen Arbeitgeber starten könne. Nicht nur sind die meisten Rekrutierungsprozesse langwieriger; auch Sie selbst brauchen etwas Zeit, um sich vom alten Job zu verabschieden, neue Ziele ins Auge zu fassen und diese dann am Arbeitsmarkt umzusetzen. Ist diese Einsicht erst einmal gewonnen, erscheint eine Suchdauer von sieben statt fünf Monaten nicht mehr so dramatisch.

TIPP *Nehmen Sie sich die nötige Zeit für Ihre Neuorientierung. Diese Monate sind kein abstraktes Vakuum, das Sie mit nutzlosem Warten verbringen. Vielmehr vollzieht sich ein komplexer, sehr anspruchsvoller Prozess, der Sie mehr als auslastet. Eine Stellensuche ist ein mehrmonatiger Fulltime-Job.*

Älterwerden aus gesellschaftlicher Sicht

«Alter» muss in unserer Gesellschaft neu definiert werden. Die Zeit, während der jemand als alt gilt, erstreckt sich heute über mehr Jahre als jemals zuvor; sie muss deshalb mit neuem Sinn und neuen Inhalten gefüllt werden. Das bietet Chancen für Handlungsräume, sowohl geschäftliche wie auch private.

Wir leben immer länger und bleiben dabei immer länger jung. In einem Alter, in dem man früher mit den Enkeln spielte, gründet man heute Familien, läuft den New-York-Marathon oder startet nochmals eine Berufslaufbahn. Diese überall im Alltag zu beobachtenden Phänomene bestätigen auch wissenschaftliche Studien.

Der Soziologe Francois Höpflinger hält fest: «Werden in der Schweiz Frauen und Männer im Alter von 50+ befragt, lassen sich seit einigen Jahren zwei Sachverhalte festhalten: Erstens weisen Menschen 50+ insgesamt eine höhere Lebenszufriedenheit auf als unter 50-jährige Menschen.

Auch nach ihrem persönlichen Glücksgefühl befragt, fühlen sie sich grossmehrheitlich glücklicher als in früheren Lebensjahren. [...] Zweitens fühlen sich Menschen in diesem Alter vielfach nicht als ‹alt›. Nach Meinung der 50- bis 64-Jährigen beginnt das eigentliche Alter erst mit 69, wenn überhaupt.»

Älter gleich weniger?

Wie aber stellt sich Alter in der Gesellschaft dar? Einerseits gibt es die defizitorientierte Sicht auf das Alter, die das Älterwerden nur negativ besetzt. Alt werden bedeutet dann weniger werden – weniger Leistung, weniger Schönheit, weniger Gesundheit, weniger Kraft, weniger Beweglichkeit. Zu dieser Betrachtung kommt die negative gesellschaftliche Ansicht, dass die immer älter werdenden Alten die Pensionskassen schröpfen und immer mehr teure Intensivmedizin in Anspruch nehmen.

Jugendkult

Neben oder vielleicht auch wegen dieser negativen Sicht auf das Altern zelebriert unsere Gesellschaft den Jugendkult. Erstrebenswert ist, möglichst lang möglichst jung zu wirken. Dies beschert gewissen Branchen, etwa der Mode- und der Fitnessindustrie, aber auch der Schönheitschirurgie, gehörige Zuwachsraten. Die jungen Alten haben nicht nur die Zeit, sondern oft auch das Geld, um die ewige Jugend ins Zentrum ihres Interesses zu stellen. Anti-Aging heisst das Zauberwort: Rigoros wird etwas selbstverständlich und unvermeidlich Stattfindendes, eben das Altern, bekämpft. Der Spruch: «Alle wollen alt werden, aber niemand möchte es sein», wird zum Programm. Verbunden mit diesem Jugendwahn ist auch ein ungeheurer Druck. Sollen wir, nachdem wir unser ganzes Berufsleben unter Leistungs- und Erfolgsdruck gestanden haben, jetzt auch noch erfolgreich altern?

Der ökonomische Optimierungswahn ist längst beim Individuum angekommen. Wer krank oder alt ist oder wirkt, hat selber Schuld. Graue Haare – das muss doch nicht sein! Falten – da kann man doch was machen! Rheuma – Ernährung umstellen! Und doch kann der ganze Jugendwahn nicht darüber hinwegtäuschen, dass alle irgendwann eben doch alt werden.

Fehlende Alterskultur

Die Kombination von Langlebigkeit und Altersfitness führt zu einem grösseren Gestaltungsspielraum jenseits der 50, aber auch dazu, dass die Gesellschaft noch keine wirkliche Alterskultur entwickelt hat. Wie wollen wir mit dem Alter in unserer Gesellschaft umgehen? Der Neuropsychologe Lutz Jäncke schreibt: «Wir müssen so weit kommen, dass Stereotype über ältere Mitmenschen wie krank, behindert, langsam, impotent, hässlich, arm, depressiv, mental abbauend, nutzlos und isoliert ersetzt werden durch erfahren, genau, potent, attraktiv, finanziell unabhängig, optimistisch, mental beweglich, mental gesund, wertvoll, sozial eingebunden, gesund, weise.»

Diese Aneinanderreihung vieler Eigenschaften zeigt den Zwiespalt auf, in dem sich unsere Gesellschaft bei der Bewertung des Alters befindet. Natürlich können wir eine Umwertung versuchen und «das Alter» einfach positiv besetzen. Doch diese Altersmarketingkampagne wird den wirklichen Gefühlen nicht gerecht, die der Alterungsprozess hervorruft. Viele dieser Gefühle sind positiver Natur: reifen, gelassener werden, vertiefen, ernten. Manche sind aber auch beängstigend: die ersten Zipperlein, die Wahrnehmung, dass die Zeit immer schneller vorbeigeht, die Auseinandersetzung mit dem Tod. Altern heisst loslassen, immer wieder von etwas oder auch von jemandem Abschied nehmen. Die Einstellung zum Altern ist ambivalent oder wie es das Testimonial einer medizinischen Kosmetikfirma ausdrückt: «Ich liebe meine Falten – naja, die Hälfte davon.»

Neue Rollenbilder tun not

Sicher ist: Das alte, durchaus positive Bild des ehrwürdigen Greises, dessen Erfahrung, Weisheit und Rat junge Menschen gern annehmen – es ist überholt. Treffend fasste dies der vor Kurzem verstorbene Psychoanalytiker und Ethnologe Paul Parin zusammen: «Traditionsgemäss ist es so, dass die Alten den Jungen weitergeben sollten, was sie erfahren haben in ihrem Leben, was falsch war und was gut. Aber es gibt einen Unterschied zwischen Gesellschaften, die einem schnellen Kulturwandel unterworfen sind, und solchen, die eine grosse Konstanz haben. Der Ethnologe Claude Levi-Strauss hat die Gesellschaften eingeteilt in kalte und warme. In den kalten, die sich nur langsam verändern, ist es erstrebenswert, dass der

«Wenn alle dasselbe denken, wird nicht viel gedacht.»

Karl Valentin, deutscher Komiker

Enkel genau gleich lebt wie sein Grossvater. […] Wir gehören einer enorm heissen Gesellschaft an, die sich sehr schnell verändert. Heute können darum alte Leute nicht kommen und sagen: Nach meiner Lebenserfahrung ist das so und so. Was soll ein alter Mann den Enkeln also raten? Er soll sagen: Macht es nicht wie wir, denn ihr lebt in einer Gesellschaft, deren Voraussetzungen sich ständig ändern – in eurem Lebenslauf sind meine Erfahrungen nicht mehr gültig.»

Diese Erkenntnis ist spannend. Denn in unserer nicht nur heissen, sondern fast schon überhitzten Gesellschaft kann nicht nur der Enkel nicht mehr leben wie der Grossvater. Auch der Grossvater selbst kann in einem neuen Lebensabschnitt nicht mehr gleich leben wie in den Jahren zuvor. Wir sollten die Erfahrungen, die wir gemacht haben, wertschätzen, aber wir können uns nicht mehr auf den Erkenntnissen unserer Jugend oder unserer ersten Arbeitsjahre ausruhen. Die Zeitspanne des Lebens ist zu lang, die Veränderungen sind zu fundamental und schnell. Wir müssen die gewonnenen Jahre nutzen, um neue Erfahrungen zu machen und neue Erkenntnisse zu sammeln, und zwar so lange wie möglich. Und je länger je mehr lernen dann die Alten von den Jungen: den Umgang mit neuen Technologien beispielsweise.

Veränderte Arbeitswelt

Die Arbeitswelt hat sich fundamental verändert, die vertrauten Regeln finden wir nur noch in vereinzelten Nischen. Das ist kein Grund zu trauern: Die neue Welt bietet mit ihrer Dynamik zahlreiche Chancen gerade für Ältere – besonders dann, wenn diese ihre Erfahrung, ihr Netzwerk, ihre Kenntnisse aktiv und nach den neuen Regeln vermarkten.

Die Generation der über 50-Jährigen hat ihr berufliches Profil in einer Arbeitswelt entwickelt, die es heute fast nicht mehr gibt. Wenn Sie Ihre Nische verlassen, werden Sie feststellen, dass sich die Welt und mit ihr die Ansprüche und Anforderungen an Mitarbeitende verändert haben. Der strukturelle und technologische Wandel, der in den letzten dreissig Jahren in allen Industrienationen stattgefunden hat, hat Einfluss auf den Arbeitsmarkt in der Schweiz und damit auch auf Ihre Neupositionierung.

Neue Strukturen, neue Anforderungen

Digitalisierung, Globalisierung, Innovationsdruck, Entwicklung zur Dienstleistungsgesellschaft, Auslagerung einfacherer Tätigkeiten – dies die Stichworte, die die neue Arbeitswelt beschreiben.

Industrialisierung 4.0

Industrialisierung 4.0 meint die Digitalisierung aller Arbeitsprozesse, die Vernetzung der Dinge untereinander sowie der industriellen Produktion mit der Dienstleistung: Industriegüter lassen sich auf individuelle Kundenbedürfnisse «customizen»; Häuser werden «intelligent» und lassen sich übers Handy steuern; alle Informationen sind überall in Echtzeit erhältlich. Aktuell in der Diskussion sind hier beispielsweise das Self-Scanning oder die individualisierten Sonderangebote in den Einkaufsmärkten. Big Data und Digitalisierung machens möglich – aber Jobs für Kassierinnen wird es vermutlich langfristig nicht mehr geben.

Dies bestätigt die wichtige Erkenntnis, die Nikolai Kondratieff in seinem Modell der langen Wellen als Erster publizierte: dass jede grundlegende technologische Entwicklung einerseits die Konjunktur ankurbelt und zu einem grossen Produktionsfortschritt führt, dass aber gleichzeitig auch die Arbeitswelt wesentlich verändert wird: Neue Anforderungen entstehen, und es gibt jeweils Gewinner und Verlierer.

Globalisierung

Der Markt und auch der Arbeitsmarkt sind heute global. Immer mehr einfache, repetitive Tätigkeiten werden dorthin verlagert, wo die Lohnkosten tief sind. So entstehen Callcenter in Osteuropa, Informatiksupport wird in Indien geleistet, der Zahlungsverkehr nach Irland ausgelagert. Steigen an einem Ort die Lohnkosten, zieht die Karawane weiter in ein billigeres Land. In der Schweiz als Hochlohnland führt das zu einem fast kompletten Wegfall einfacherer Tätigkeiten.

Etwas Ähnliches geschieht mit notwendigerweise im Land verbleibenden Arbeiten, etwa mit Putz- oder Hauswartsdiensten: Man lagert sie an externe Firmen aus. Unternehmen ermöglicht diese Auslagerung eine Konzentration auf ihr Kerngeschäft und klare Kostenkontrolle; für die betroffenen Mitarbeiter ist es aber oft weniger attraktiv, ausgelagert zu werden, als direkt für ein Unternehmen zu arbeiten.

Dienstleistungsgesellschaft
Die Schweiz hat sich in den vergangenen Jahrzehnten zu einer Dienstleistungsgesellschaft entwickelt. Heute arbeiten 74 Prozent aller Erwerbstätigen in Dienstleistungsberufen (Sektor 3) – 1970 waren es erst 45,3 Prozent. Besonders stark ist die Beschäftigung im gewerblich-industriellen Sektor (Sektor 2) zurückgegangen: Gegenüber 46,2 Prozent im Jahr 1970 waren 2015 gerade noch 22 Prozent der Berufstätigen in diesem Bereich beschäftigt. Und dieser Trend wird sich, denkt man an die Frankenstärke und die exportabhängige Industrie, fortsetzen. Der Sektor 1 bezeichnet übrigens die Urproduktion, also Land- und Forstwirtschaft, Jagd und Fischerei.

ENTWICKLUNG DER ERWERBSTÄTIGKEIT

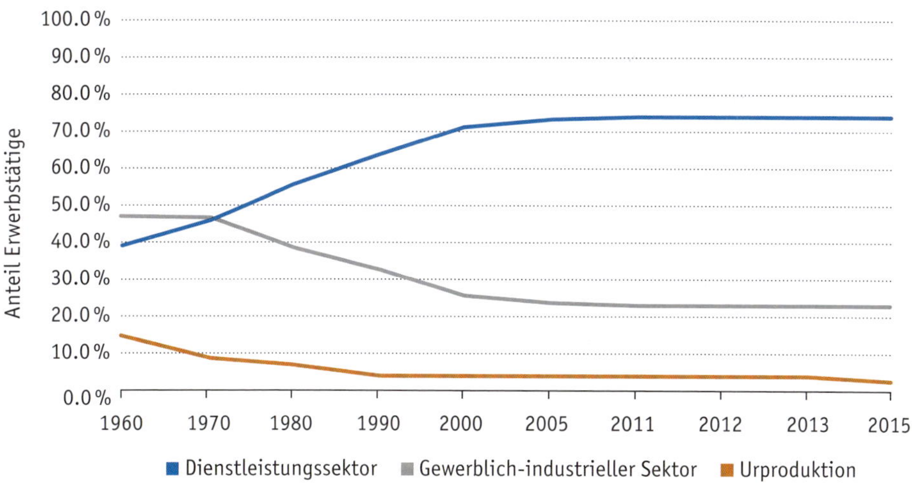

Quelle: Bundesamt für Statistik

Tätigkeiten im Sektor 1 und 2 geraten also zunehmend unter Druck, auf der anderen Seite entstehen in unserer Dienstleistungsgesellschaft ständig neue Berufsfelder. Die Trendforscherin Imke Keicher schreibt: «Heute ist es für uns normal, dass Unternehmen Web-Designer oder Change-Manager suchen, Berufe, die es vor 15 Jahren noch nicht gab. Morgen sind es vielleicht Chief Destruction Officer, die dafür sorgen, dass alte Zöpfe abgeschnitten werden, oder Biografie-Designer. Er schaut sich unsere Präsenz im World Wide Web an und berät uns, wie wir uns optimal darstellen sollen.»

Neue Anforderungen

Obwohl anspruchslosere Arbeiten vermehrt ausgelagert werden, wächst die Anzahl Arbeitsplätze in der Schweiz. Zu verdanken ist dieses «Jobwunder» aber fast ausschliesslich der Zunahme von aus- und weiterbildungsintensiven Jobs im Dienstleistungsbereich. Viele internationale Firmen haben ihre Entwicklungsabteilungen oder auch den Hauptsitz in der Schweiz angesiedelt. Denn die Schweiz ist nicht nur steuerlich ein attraktiver Standort, sondern verfügt eben auch über viele gut ausgebildete, motivierte Mitarbeitende. Damit das so bleibt, müssen Ausbildung und lebenslanges Lernen zum Programm werden. Denn auch in den bestehenden Jobs steigen die Anforderungen immer mehr: Der Automechaniker zum Beispiel wurde vom Mechatroniker abgelöst, der sich nicht mehr nur mit Mechanik, sondern mit Computern und Elektronik auskennen muss. Welche Veränderungen andere Berufsbilder erfahren werden, ist noch gar nicht absehbar.

«Wenn ich die Menschen gefragt hätte, was sie wollen, hätten sie gesagt, schnellere Pferde.»

Henry Ford, Gründer des amerikanischen Autoherstellers Ford Motor Company

Innovationsdruck

Der Innovationsdruck für Unternehmen ist gross geworden. Die Internationalisierung der Wirtschaft und die modernen Kommunikationsmittel führen dazu, dass jedes Produkt und jede Dienstleistung bezüglich Preis und Qualität quasi in Echtzeit mit der Konkurrenz verglichen werden kann. Entsprechend schnell kommen neue Produkte auf den Markt – zu erwähnen ist etwa der quartalsweise Innovationsschub in der Telekommunikation. Nur Unternehmen, die diesem Innovationsdruck standhalten, können sich am Markt behaupten. Dazu brauchen sie die entsprechende Innovationskraft im Unternehmen und Menschen, die gelernt haben, auch querzudenken.

Was bedeutet das für ältere Berufstätige?

«Lernen ist wie Rudern gegen den Strom. Sobald man aufhört, treibt man zurück.»

Benjamin Britten, englischer Komponist

Die beschriebenen Aspekte des strukturellen und technologischen Wandels stehen nicht im Konflikt mit der Beschäftigung älterer Arbeitnehmer. Im Gegenteil: Die Bedeutung einfacher, körperlicher Arbeiten, die mit zunehmendem Alter zu «Verschleisserscheinungen» und zu Problemen am Arbeitsplatz führen, hat abgenommen. Bei geistig anspruchsvollen Arbeiten dagegen sind Alter und Erfahrung per se kein Nachteil.

Problematisch ist der strukturelle Wandel aber für ältere Mitarbeitende, die jahrzehntelang davon ausgegangen sind, dass sie einen Arbeitsplatz auf Lebenszeit haben. Wird zum Beispiel der langjährige Prokurist im Zahlungsverkehr einer Bank entlassen, wird er sehr schnell feststellen, dass es in der Schweiz keine vergleichbaren Jobs mehr gibt. Am schwerwiegendsten wirkt sich der strukturelle Wandel auf An- und Ungelernte aus, was sich in den Arbeitslosenzahlen widerspiegelt. Und das bestätigt auch George Sheldon, Professor für Arbeitsmanagement und Industrieökonomie, in einem Interview in der NZZ: «Die Arbeitslosenquote nach Bildungsstand zeigt, dass in den 70er- und 80er-Jahren die Ausbildung keinen Einfluss hatte auf das Risiko, arbeitslos zu werden. Ab 1990 beginnt sich ein Gefälle zu bilden. Ab dem Jahr 2000 sind Akademiker und

TO DO: NEUE ANFORDERUNGEN IN MEINEM BERUF

Reflektieren Sie Ihre eigene Berufslaufbahn: In welchem Ausmass ist Ihre Firma, Ihre Branche oder Ihre Funktion von Themen wie Automatisierung, Digitalisierung, Globalisierung, Outsourcing betroffen? Welche Risiken und Chancen bieten sich dadurch (oder haben sich in der Vergangenheit geboten), und wie gehen Sie damit um?

Lehrabgänger nur noch halb so häufig arbeitslos wie Ungelernte. Die Hälfte der Arbeitslosen heute sind gänzlich ungelernt.»

Der strukturelle Wandel der vergangenen dreissig Jahre hat also zu einer Wissens- und Dienstleistungsgesellschaft geführt, die Arbeitsplätze schafft, allerdings vorwiegend für gut qualifizierte Mitarbeiter.

Schneller, individueller, flexibler – die neue Arbeitswelt

Die Arbeitswelt hat sich nicht nur strukturell verändert, auch die Arbeitsbedingungen, der Arbeitsrhythmus und die Arbeitsformen, also die individuelle Arbeitssituation für jeden und jede von uns, sind anders geworden. Es sind verschiedene Trends auszumachen.

Beschleunigung

Einer dieser Trends ist eine deutliche Beschleunigung in allen Lebensbereichen. Alles muss immer schneller gehen, alles verändert sich in kürzeren Zyklen. Der Sozial- und Politikwissenschaftler Hartmut Rosa beschreibt drei Ebenen der Beschleunigung:

- Die **technische Beschleunigung** ist einschneidend für all jene, die ihre Karriere noch in einer Arbeitswelt ohne Mobilfunk gestartet haben. Die Technik – von der Mikrowelle bis zum automatischen Rasenmäher – hilft uns heute in allen Lebensbereichen, Dinge schneller zu erledigen. Dass wir trotzdem nicht mehr, sondern eher weniger Freizeit haben, liegt an der zeitgleichen Beschleunigung des sozialen Lebens.
- Die **Beschleunigung des sozialen Lebens** ist zu verstehen als immer kürzere Geltungsdauer von allen sozialen Strukturen in unserem Leben. Gemeint ist beispielsweise die rasche Veränderung von Unternehmensstrukturen und Arbeitsprozessen, aber auch die verkürzte Halbwertzeit von Wissen und Erfahrung.
- Das alles zwingt uns zu einer Flexibilität, die nur zu bewältigen ist, wenn wir unser **Lebenstempo beschleunigen.** So versuchen wir möglichst lange zu arbeiten, Pausen wegzulassen, immer online verfügbar zu sein oder Multitasking zu kultivieren. Die gesundheitlichen Folgen dieser Beschleunigung widerspiegeln sich in den steigenden Zahlen von Stresserkrankungen.

Individualisierung der Arbeit

Ein weiterer Trend, der direkt mit dem beschleunigten Leben und Arbeiten zusammenhängt, geht dahin, Arbeit zu individualisieren und mit der Freizeit zu vermischen. In immer mehr Unternehmen werden sowohl die Arbeitszeit als auch der Arbeitsort flexibilisiert. Es gilt, die vorgegebenen Ziele unabhängig von festen Unternehmensstrukturen zu erreichen. Einerseits mag es angenehm sein, bei schönem Wetter daheim auf dem Balkon arbeiten zu können. Die Kehrseite der Medaille ist, dass die Grenzen zwischen Arbeit und Freizeit verschwimmen – und zwar zulasten echter Freizeit. Sehr viele Menschen, auch in eher untergeordneten Funktionen, sind heute ganz selbstverständlich während der Ferien telefonisch erreichbar oder bearbeiten ihre Mails rund um die Uhr.

Die Gefahren dieses Trends sind mittlerweile erkannt. Das Staatssekretariat für Wirtschaft (SECO) hat reagiert und die Kontrollpraxis für die obligatorische Arbeitszeiterfassung deutlich verschärft. Und auch Unternehmen reagieren mit Initiativen gegen die permanente Erreichbarkeit und den Informations-Overkill.

BEI VW BEISPIELSWEISE wird bereits seit Ende 2011 eine halbe Stunde nach Dienstende der Mail-Server für Smartphones abgeschaltet und erst kurz vor Dienstbeginn wieder eingeschaltet. Die Strategie von Daimler ist noch rigoroser: Bei aktivierter Abwesenheitsmeldung werden alle eingehenden Mails einfach gelöscht; der Absender muss sie nochmals schreiben. Viele andere Firmen gehen zwar nicht mit technischen Mitteln gegen die E-Mail-Flut vor, postulieren aber Regeln, die ausdrücklich betonen, dass in der Freizeit keine Mails versendet oder bearbeitet werden müssen.

Portfolio-Arbeit

Die Lebensarbeitsstelle gibt es nicht mehr. Immer mehr Leute wechseln während ihres Berufslebens mehrmals die Stelle, treffen Grundsatzentscheide zu Karriere und Wohnort. In diesen neuen Lebensläufen reiht sich nicht immer Festanstellung an Festanstellung; häufiger versammeln sich unterschiedlichste Erfahrungen und Tätigkeiten zu einer Biografie. Da folgt auf die Ausbildung eine befristete Anstellung, ein Sabbatical wird zwischen zwei Festanstellungen geschoben, der Familienpause folgen fünf Jahre Selbständigkeit. Auch haben immer mehr Menschen nicht nur einen

Job, sondern mixen sich selbst ein Portfolio aus verschiedenen Tätigkeiten. So kann es sein, dass eine Wirtschaftsprüferin eine Teilzeittätigkeit als Angestellte kombiniert mit einem festen Auftrag als Gutachterin sowie einzelnen Beratungsmandaten.

Diese Art zu arbeiten kann sehr inspirierend sein, wenn man sich aus einem allzu starren Sicherheitsbedürfnis lösen kann und seine eigenen Fähigkeiten gern – und erfolgreich – auf den Markt trägt. Der Grat zwischen modernem Portfolio-Working und ebenfalls modernem Prekariat (prekäre, weil nur das Minimum an Lebenshaltungskosten deckende Arbeitsverhältnisse) ist allerdings schmal. Portfolio-Working muss man sich leisten können, und es sind meist auf oberstem Niveau ausgebildete Fachkräfte, die diese Arbeitsform wählen. Wer mehrere schlecht bezahlte Jobs annehmen muss, um überleben zu können, gilt nicht als Portfolio-Worker.

Gerade für ältere Arbeitnehmer aber kann dieses Arbeitskonzept sehr interessant sein. Nicht alle, aber einige ältere Berufstätige sind ein Stück weit finanziell unabhängig. Sie können es sich nicht leisten, mit der Arbeit ganz aufzuhören, aber ihre finanzielle Basis erlaubt ihnen, Einkünfte weniger regelmässig zu beziehen. Oder sie könnten zwar, wollen aber nicht ohne Arbeit sein, weil Arbeit ja auch Sinn stiftet.

TIPP *Sind Sie nicht mehr auf Ihr (ganzes) bisheriges Einkommen angewiesen? Dann lohnt es sich, sich über Ihre Talente, Fähigkeiten und Neigungen klar zu werden und zu überlegen, in welchem Kontext Sie diese zur Entfaltung bringen möchten. Sie könnten zum Beispiel an einer Schule oder Fachholschule unterrichten, Beratungsmandate in Ihrem Bereich wahrnehmen, ein interessantes Produkt im Schweizer Markt lancieren oder teilzeitlich eine Stiftung leiten.*

Altersstrategien in Unternehmen

Die Unternehmen werden sich zunehmend der demografischen Fakten bewusst und entwickeln Strategien, um Ältere im Unternehmen zu behalten, den verschiedenen Generationen in der Führung gerecht zu werden – und auch, um alternden Kunden adäquat gegenüberzutreten.

Das durchschnittliche Alter eines Erwerbstätigen in der Schweiz liegt bei 41,4 Jahren, Tendenz steigend. Die Unternehmen sehen sich also einerseits einer zunehmend alternden Belegschaft gegenüber, anderseits einem immer intensiveren «war for talents», weil die nachrückende Generation rein zahlenmässig die vorherige nicht ersetzen kann. Besonders in technischen Berufen und im IT-Bereich fehlen bereits heute die Fachkräfte, und es fällt vor allem Grossunternehmen schwer, ausgeschriebene Stellen zu besetzen. Laut einer Adecco-Studie bei über 2500 europäischen Unternehmen sieht mittlerweile die Mehrheit den demografischen Wandel als eine der grössten Herausforderungen der Zukunft, neben der Globalisierung und dem technologischen Wandel.

Herausforderung für Unternehmen

Inzwischen ist es für Unternehmen ein wichtiges Thema, wie die Motivation und die Leistungsfähigkeit der Mitarbeitenden bis zur Pensionierung oder eventuell sogar darüber hinaus erhalten bleiben kann. Viele Betriebe stellen fest, dass die älteren unter ihren Angestellten zunehmend demotiviert sind, sich in Veränderungsprozessen nicht engagieren oder sich nicht mehr einbringen wollen. Sie machen Dienst nach Vorschrift und zählen die Tage bis zur, möglichst vorzeitigen, Pensionierung.

Diese Haltung ist für die Unternehmen ein ernstzunehmendes Problem. Entsprechend wächst die Einsicht, dass auch die Betriebe etwas zur Lösung beitragen müssen. Dabei stehen zwei Überlegungen im Vordergrund: Unternehmen wollen Braindrain verhindern und sie wollen die Motivation und Leistungsfitness ihrer Mitarbeitenden erhalten.

Braindrain

Braindrain – der Verlust von Wissen und Erfahrung im Betrieb, wenn ältere Mitarbeiter aufhören oder entlassen werden – kann für ein Unternehmen sehr schnell zum entscheidenden Wettbewerbsnachteil werden. Besonders Betriebe, in denen Erfahrung eine zentrale Rolle spielt, sind darauf angewiesen, dass diese Erfahrung und das Wissen der älteren Mitarbeitenden erhalten und an junge weitergegeben wird. Die Schadenabteilung eines Versicherungsunternehmens zum Beispiel kann nicht erfolgreich sein, wenn sie nicht langjährige Mitarbeiter hat, die aus breiter Erfahrung heraus Risiken einzuschätzen wissen. Solch implizites Wissen lässt sich nur schwer auf dem Arbeitsmarkt rekrutieren.

Motivation und Leistungsfitness

Unternehmen können es sich nicht leisten, über Jahre demotivierte Mitarbeitende zu beschäftigen. Wenn ganze Abteilungen nur noch auf die Pensionierung warten, sind die Kostenfolgen immens. Es geht also darum, die Motivation und die Leistungsfitness aller im Betrieb zu erhalten.

Die innere Kündigung älterer Arbeitnehmer kann unterschiedlichste Gründe haben. Einer liegt sicher darin, dass viele den immer häufigeren Veränderungen in den Unternehmen zunehmend ohnmächtig gegenüberstehen: jedes Jahr eine Reorganisation, jedes zweite Jahr ein neuer CEO mit neuer Geschäftsleitung, dauernd andere Beratungsfirmen im Unternehmen, neue IT-Systeme, Outsourcing von ganzen Bereichen. Wer das zehn, fünfzehn Jahre in Folge erlebt hat, verliert irgendwann die Bereitschaft, jede «neue Sau, die durchs Dorf gejagt wird», mit gleichbleibendem Enthusiasmus zu begrüssen. Hinzu kommt, dass eine gelassene Haltung gegenüber Veränderungen vom Umfeld oder auch von Vorgesetzten oft als Gleichgültigkeit und mangelnde Flexibilität interpretiert wird.

Generationenmanagement – was Firmen für ältere Mitarbeitende tun

Altersgerechte Personalpolitik sollte sich an den Bedürfnissen und Kompetenzen der Mitarbeiterinnen und Mitarbeiter orientieren. Dafür müssen Firmen zunächst erkennen, dass der demografische Wandel direkten Einfluss auf die Personalarbeit hat. Die auf der vorangehenden Seite erwähnte Adecco-Studie bewertete Unternehmen verschiedener Länder anhand eines «demografischen Fitness-Index». Untersucht wurde anhand von fünf Faktoren, inwieweit Unternehmen auf das Altern ihrer Belegschaft vorbereitet waren. Total konnten 400 Punkte erreicht werden – der europäische Durchschnitt lag bei tiefen 182 Punkten, die Schweiz bildete mit 172 Punkten das Schlusslicht. Und dies, obwohl dieselben Betriebe den demografischen Wandel als eine der wichtigen Herausforderungen unserer Zeit ansahen. Die Studie ist zwar schon einige Jahre alt, aber die darin verwendeten Faktoren sind heute noch genauso relevant.

TO DO: WAS TUT MEINE FIRMA?

Lesen Sie die folgenden Abschnitte und überlegen Sie, wo Ihr Unternehmen in den verschiedenen Bereichen steht. Welche dieser Themen wären für Sie wichtig? Was bedeutet das für die Wahl eines nächsten Arbeitgebers?

Die fünf in der Adecco-Studie bewerteten Faktoren zeigen, wo Unternehmen den Hebel ansetzen können, um ihre Personalpolitik altersgerecht zu gestalten:

- **Karrieremanagement:** Fortschrittliche Unternehmen unterstützen die Laufbahn- und Lebensbedürfnisse der Mitarbeitenden mit konkreten Massnahmen. Zum Beispiel mit flexiblen Arbeitsmodellen, unterschiedlichen Pensionierungsmodellen, Karriere- und Nachfolgeplanung, Möglichkeiten für Alternativkarrieren, Mentorenprogrammen und Karriereberatung.
- **Lebenslanges Lernen:** Unternehmen müssen Anreize für Weiterbildung setzen – in allen Altersgruppen. Sie sollten regelmässig den Weiterbildungsbedarf erheben und altersgemässe Weiterbildungsmöglichkeiten bieten. Wichtig ist zudem der systematische Wissenstransfer von Alt nach Jung und Jung nach Alt.
- **Wissensmanagement:** Dazu gehören zunächst die genaue Analyse, wer im Unternehmen über welches geschäftsrelevante Know-how verfügt, sowie eine Einschätzung des Risikos bei Wissensverlust. Schlüs-

selpersonen, Schlüsselkontakte und Schlüsselwissen sollten dokumentiert sein.

- **Gesundheitsmanagement:** In diesem Bereich sind schweizerische Unternehmen vermutlich am aktivsten. Er umfasst alle präventiven und gesundheitsfördernden Massnahmen, reicht vom ärztlichen Eintrittscheck über Ernährungs- und Bewegungsberatung, Abwesenheitskontrolle bis hin zu Sportprogrammen oder Entspannungstechniken.
- **Altersvielfalt:** Unternehmen, die auf ein altersgerechtes Arbeitsumfeld achten, fördern gemischte Altersteams. Wichtige Punkte sind hier zum Beispiel Stellenausschreibungen mit einer differenzierten Angabe des gewünschten Altersprofils, Chancengleichheit für alle Altersgruppen und die Sensibilisierung der Manager für das Thema Altersdiversität.

Generationenmanagement in Unternehmen umfasst also viel mehr, als bloss einen Kurs zur Pensionierungsvorbereitung anzubieten.

Veränderte Kundenbedürfnisse – Ihre Chance

Die demografischen Rahmenbedingungen, die für Unternehmen gelten, gelten auch für Märkte: Die Kunden werden in der Regel nicht jünger und sie wollen bei ihren sich verändernden Bedürfnissen «abgeholt» werden – das gilt von der Produktentwicklung bis hin zur Beratung.

DIE BASLER KANTONALBANK ETWA hat dies bereits umgesetzt. Sie hat schon 1997 die BKB-Seniorenberatung eingeführt, in der pensionierte, ehemalige Bankmitarbeitende gleichaltrige Kunden beraten. Auch die Swisscom hat reagiert und unterhält auf ihrer Website einen separaten Menüpunkt für die Generation der über 50-Jährigen. Ratsuchende mit einem Profil 65 plus werden, wenn sie die Helpline anrufen, direkt zu einem sogenannten BestAge-Mitarbeitenden 50 plus weitergeleitet. Und diesem steht für die Erledigung des Telefonats mehr Zeit zur Verfügung als anderen Callcenter-Mitarbeitern.

Martina Zölch, Professorin an der Fachhochschule Nordwestschweiz, widmet ein Kapitel ihres Buches «Fit für den demografischen Wandel» dieser Veränderung der Kundenmärkte. Ihr Fragenkatalog zum Thema Analyse des Kundenmarkts ist sehr interessant. Denn die Fragen, die dort gestellt werden, könnten auch die Fragen sein, mit denen Sie in Ihren Recherchen auf dem Arbeitsmarkt mögliche zukünftige Arbeitgeber analysieren (mehr zur Recherche auf Seite 163):

- Gibt es in meinem Bereich Unternehmen, deren Kunden zunehmend älter werden? Verändert sich dadurch die Nachfrage nach den Dienstleistungen und Produkten dieser Unternehmen? Gibt es neue Anforderungen an die Art und Qualität der Produkte und Dienstleistungen?
- Reagieren diese Unternehmen auf die veränderte Altersstruktur?
- Könnte ein Unternehmen, für das ich mich interessiere, einen Wettbewerbsvorteil erringen, indem es eine bestimmte Altersgruppe anspricht, beispielsweise die älteren Beschäftigten?
- Entspricht die Altersstruktur in diesem Unternehmen den veränderten Bedürfnissen seiner Kunden und Kundinnen?
- Hat das Unternehmen Personal, das ältere Kundengruppen adäquat bedienen kann? Müsste es dafür allenfalls neues Personal anstellen?

TIPP *Wenn Sie als potenzieller Kandidat mit Antworten auf solche Fragen an ein Unternehmen herantreten und sich selbst quasi als Lösung des Problems anbieten, könnten Ihre Chancen auf eine Mitarbeit sprunghaft ansteigen …*

4

Los gehts! Erste Schritte auf dem Weg zum neuen Job

Sie wissen jetzt, was Sie können, und Sie haben sich mit den Realitäten des veränderten Arbeitsmarkts auseinandergesetzt. Jetzt müssen Sie noch festlegen, was genau Sie wollen, und dann ein paar Vorbereitungsaufgaben erledigen, um dieses Gesamtpaket für den neuen Job in Position zu bringen.

Optionen entwickeln, ein Ziel definieren

Nur wer weiss, wo er hin will, kann sich auf den Weg machen. Ein Ziel definieren bedeutet zwischen vielen Optionen wählen und so die Verantwortung für die zukünftige Richtung des eigenen Lebens übernehmen. Das schliesst Unverbindlichkeit aus.

In den letzten Kapiteln ging es darum, dass Sie sich selbst kennenlernen, dass Sie den Markt analysieren und gesellschaftliche Realitäten wahrnehmen. Es ging also darum, Entscheidungsgrundlagen zu schaffen. Denn nichts anderes tun Sie in dieser Phase der Neuorientierung. Sie sammeln Informationen, um auf dieser Basis einen Entscheid über Ihre Zukunft zu fällen und diesen umzusetzen.

Entscheiden Sie sich!

Ihr Entscheid drückt sich in einer klar formulierten Zielsetzung aus. Dieses Ziel beinhaltet Ihren nächsten beruflichen Schritt, kann aber auch Konsequenzen für andere Lebensbereiche haben. So kann es Ihr Ziel sein, Ihre Erfahrungen in einem Unternehmen der Branche X in der Funktion Y einzubringen. Ihr Ziel kann aber auch lauten: temporär oder Teilzeit im Bereich Z arbeiten, die Tätigkeit für einen Verband ausbauen und Ihrer Frau beim Wiedereinstieg helfen, indem Sie einen Teil der Familienarbeit übernehmen. Wichtig ist, dass es Ihr Ziel ist und dass Sie es umsetzen. Dass Sie also nicht einfach das erste Jobangebot annehmen und dann das machen, was zufällig an Sie herangetragen wird.

Entscheidend ist, dass Sie sich bewusst machen: Sie haben die Wahl. Die aktuelle Situation hat den unbestreitbaren Vorteil, dass Sie die Weichen nochmals stellen können – aber auch müssen. Gut möglich, dass bis heute ein Teil Ihres Privat- und Arbeitslebens an Ihnen vorbeigegangen ist, ohne dass Sie aktiv Entscheide getroffen haben. Das geht vielen von uns so.

TIPP *Machen Sie sich bewusst, dass auch passives Verhalten ein Entscheid ist – für den Status quo, für das, was zufällig entsteht. Man kann nicht nicht entscheiden.*

Ihr Entscheid hat Konsequenzen

«Freiheit bedeutet Verantwortlichkeit. Das ist der Grund, weshalb die meisten Menschen sich vor ihr fürchten.»

George Bernard Shaw, irischer Dramatiker

Vielleicht haben Sie bisher immer die Komfortzone gewählt, jenen sicheren Bereich mit festem Arbeitsvertrag, bekannten Aufgaben und lauter vertrauten Gesichtern ringsum. Der Verlust des Jobs katapultiert Sie nun aus dieser Komfortzone hinaus. Ihre Standortbestimmung aus Kapitel 2 wird Ihnen dabei helfen, die Wahlmöglichkeiten zu erkennen, die sich Ihnen bieten. Ihre Wahl hat Konsequenzen:

- Sie können ein Ziel wählen, das Sie möglichst schnell wieder in die Komfortzone zurückbringt. Daraus resultieren möglicherweise aber auch dieselben Schwierigkeiten wie früher.
- Vielleicht wählen Sie stattdessen ein Ziel, das mit ein paar Unbequemlichkeiten verbunden ist: einem Umzug, einer notwendigen Weiterbildung oder finanziellen Einbussen. Dafür gewinnen Sie – mehr Freiheit, mehr Befriedigung, mehr Sinn, mehr Zeit.

Wichtig ist: Ein Ziel entwickeln bedeutet, die Verantwortung dafür zu übernehmen, welche Richtung Ihr Leben in den kommenden Jahren nehmen soll.

Was ist das ideale Arbeitsumfeld für Sie?

Bevor Sie Ihr Ziel formulieren, sollten Sie sich darüber klar werden, was Ihre ideale Arbeitsumgebung ist. «Ideal» ist sehr individuell: Was für Sie unbedingt notwendig ist, kann für jemand anderen sekundär sein. Definieren Sie zunächst Ihre persönlichen Vorstellungen. Schreiben Sie alle Faktoren auf, die für Sie wichtig sind. Das können messbare Faktoren sein, etwa der Umsatz eines Unternehmens oder die Höhe Ihres künftigen Einkommens, aber auch weniger leicht nachprüfbare wie der Führungsstil der Vorgesetzten oder die Firmenkultur.

TO DO: MEIN IDEALES ARBEITSUMFELD

Erstellen Sie eine Liste von Kriterien, die für Sie im neuen Job besonders wichtig sind, zum Beispiel:

- Aufgabe: Inhalte, Führungsverantwortung, Titel, Arbeitszeitmodell
- Branche: zum Beispiel Banken, Versicherungen, Pharma, Industrie, Soziales
- Spezialisierung des Unternehmens
- Internationalität des Unternehmens: lokal, national, international
- Unternehmenssprache
- Positionierung: Nischenplayer, Start-up, Marktführer
- Eigentümerstruktur: öffentlich, privat, börsenkotiert, Staatsbetrieb, NGO, Genossenschaft
- Unternehmensgrösse, Anzahl Mitarbeiter
- Jahresumsatz
- Standort, Arbeitsweg, Möglichkeit für ein Home Office
- Umfang der Reisetätigkeit
- Einkommen: Höhe, Verhältnis fix zu variabel, Vergünstigungen, Spesen, Pensionskasse
- Firmenkultur
- Arbeitsklima
- Arbeitsplatz: Interieur, Aussicht, eigenes Büro
- Vorgesetzte: Führungsstil, Temperament
- Image des Unternehmens
- Dynamik des Unternehmens
- Fachliches Niveau der Mitarbeiter
- ...

Veranstalten Sie vorerst ruhig Ihr persönliches «Wunschkonzert». In einem zweiten Schritt priorisieren Sie die Kriterien für Ihr ideales Arbeitsumfeld. Welche Faktoren sind «must» und welche «nice to have»?

Branchen- oder Berufswechsel?

Möglicherweise haben die Analyse Ihrer persönlichen Stärken und Neigungen (siehe Seite 78) und die ersten Überlegungen, wo Sie diese einbringen könnten, dazu geführt, dass Sie nun darüber nachdenken, etwas ganz Neues anzupacken. Vielleicht hat die Analyse Ihrer Branche auch ergeben, dass hier langfristig keine Perspektiven bestehen. Wenn ein ganzer Bereich Stellen abbaut, bleibt manchmal nur der Blick über den Tellerrand – also ein Branchenwechsel. Was bringen Sie dafür mit?

Übertragbare Fähigkeiten

Übertragbare Fähigkeiten sind Qualifikationen und Erfahrungen, die Sie in verschiedenen Branchen einsetzen können – ein Schlüssel also für Ihre berufliche Neuorientierung. Übertragbare Fähigkeiten sind zum Beispiel:

- gute schriftliche und mündliche Kommunikation
- IT-Kenntnisse
- Fremdsprachenkenntnisse
- Führungsfähigkeit
- Sozialkompetenz
- Organisationsfähigkeit
- Projektmanagement

Diese Fähigkeiten lassen sich in allen Branchen oder Organisationen einsetzen. Insbesondere für Ältere, die vielleicht lang im selben Unternehmen gearbeitet haben, ist es wichtig, dass sie um ihre übertragbaren Fähigkeiten wissen und diese auch präsentieren können. Ein neuer Arbeitgeber muss erkennen, dass Sie nicht nur in den Arbeitsprozessen und Strukturen an Ihrem alten Job «funktionieren», sondern Ihre Fähigkeiten in eine neue Umgebung transferieren können.

«Erfahrung ist nicht, was einem Menschen widerfährt, sondern was er daraus macht.»

Aldous Huxley, britischer Schriftsteller

Nahe beim Bisherigen ...

Ein Wechsel der Branche und des Aufgabengebiets birgt Risiken. Je mehr Parameter Sie verändern, desto länger und aufwendiger wird Ihre Einarbeitung sein und desto grösser ist das Risiko, dass Sie sich mit dem neuen Job vergreifen und dort nicht erfolgreich werden. Hinzu kommt, dass ein Wechsel in eine ganz andere Branche oder Tätigkeit meist auch eine längere und intensivere Suche bedeutet.

Möchten oder müssen Sie einen grösseren Wechsel wagen, dann sollten Sie auch dieses Ziel so konkret wie möglich formulieren. Viele Kaderleute mit langjähriger Erfahrung in einer Branche bleiben zum Beispiel in dieser

TO DO: MEINE ÜBERTRAGBAREN FÄHIGKEITEN

Definieren Sie Ihre Fähigkeiten, die Sie auch bei einem Branchen-, Positions- oder Berufswechsel erfolgreich einsetzen können. Gehen Sie hierfür nochmals Ihre STARS durch, die Auflistung Ihrer Kompetenzen und Stärken (siehe Seite 81). Welche Ihrer Schlüsselqualifikationen sind unabhängig von Ihrem bisherigen Arbeitgeber oder der Branche?

Branche, geben aber die Führungsrolle auf und übernehmen eine beratende Rolle. Häufig werden auch Erfahrungen in einer bestimmten Funktion – etwa als HR-Leiterin oder als Buchhalter – auf eine andere Branche übertragen. Auch da gelingt der Wechsel am besten, wenn es möglichst viele Gemeinsamkeiten gibt. Eine HR-Leiterin, die in einem Handelskonzern das Gesundheitsmanagement aufgebaut hat, kann dieses Wissen vermutlich eher in einen Produktionsbetrieb tragen als in eine Bank, da ihr die Mitarbeiterstruktur dort vertrauter ist.

Letztlich geht es immer um die Fragen: Was kann ich? Worin habe ich Erfahrung? Wer kann das brauchen?

… oder weit entfernt?

Hinzu kommen weitere Fragen: Was wünsche ich mir? Was stiftet Sinn für mich? Diese Überlegungen drängen oft in den Vordergrund, wenn jemand sowohl die Branche als auch die Funktion ändern möchte. Das ist oft nicht nur schwierig, sondern hat auch seinen Preis. Als Anfänger in einem Beruf erhält man natürlich nicht den gleichen Status und Verdienst wie zuvor; oft erfährt man aber ungleich mehr Freude und Befriedigung.

Dennoch: Auch wenn Sie für eine Idee Feuer und Flamme sind, sollten Sie sorgfältig abwägen, ob sich die Umsetzung wirklich realisieren lässt. Manchmal kommt es zu einer Zwischenlösung: Sie entscheiden sich zum Beispiel für einen «Brotberuf» mit reduzierter Arbeitszeit und dem Plan, nebenberuflich noch ein zweites Standbein aufzubauen.

Wer vollständig in einen anderen Bereich wechseln möchte, sollte das Vorhaben mit kühlem Verstand prüfen und sich alle denkbaren Auswirkungen ausmalen. Der Plan, das Pensionskassengeld zu beziehen, um ein Bed & Breakfast in der Provence zu eröffnen, hält einem nüchternen Finanzierungs- und Businessplan meist nicht stand. Oft ist es leichter, das Geld in dem Bereich zu verdienen, in dem man Erfahrung mitbringt, und sich an einem Herzensprojekt erst einmal nur finanziell zu beteiligen. Manchmal sind auch Zwischenschritte notwendig. Ihr Plan könnte es beispielsweise sein, zunächst in Ihrem angestammten Beruf weiterzuarbeiten und dann über eine Weiterbildung oder einen internen Wechsel Ihr eigentliches Ziel zu erreichen.

EINE ALLEINSTEHENDE AUSBILDNERIN, die bei einer Versicherungsgesellschaft tätig war, reduzierte ihr Pensum und absolvierte berufsbegleitend eine Ausbildung als Mediatorin. Heute arbeitet die Frau als Selbständigerwerbende in der Konfliktbearbeitung und -lösung für Privatpersonen und Unternehmen.

Formulieren Sie Ihr Ziel möglichst konkret

Auf die Frage: «Was suchen Sie denn?», antworten Betroffene gern: «Etwas Interessantes», oder: «Ich bin eigentlich offen für alles», oder auch: «Einen sicheren Job, in dem ich gleich viel verdiene wie vorher.» Das alles sind keine Ziele, die eine klare Umsetzung ermöglichen. Wer sein Ziel so formuliert, gibt im selben Moment die Verantwortung ab und delegiert seine berufliche Zukunft an das Universum oder ans Gegenüber. Wenn Sie in einem Gespräch kundtun, Sie seien offen für alles Interessante, geben Sie zu verstehen, es sei am Gesprächspartner, zu überlegen, wo Sie in seinem Unternehmen einsetzbar sind und welche Aufgabe für Sie interessant sein könnte.

Ziele so unverbindlich zu formulieren, ist wenig sinnvoll und provoziert beim eigentlich hilfsbereiten Gegenüber Abwehr und Verweigerung. Nur wenn Ihr Ziel klar formuliert ist, können Sie Schritte zur Erreichung definieren, Informationen sammeln und Mitstreiter finden. Je klarer das Ziel, desto eher lässt es sich am Markt umsetzen.

Die SMART-Formel

Verbindliche Ziele sind SMART. Die SMART-Formel für die Festlegung eines Ziels stammt aus dem Projektmanagement. Sie umfasst folgende Punkte:

- **S**pezifisch
  Ist das Ziel präzis und eindeutig formuliert? Ist es widerspruchsfrei?
- **M**essbar
  Ist das Ziel messbar? Woran merke ich, dass es erreicht ist?
- **A**nspruchsvoll (akzeptabel)
  Ist das Ziel interessant für mich, will ich mich dafür einsetzen?
- **R**ealisierbar
  Ist es realistisch, dass ich das Ziel erreichen kann?
- **T**erminiert
  Sind für das Ziel klare Terminvorgaben gesetzt?

Die SMART-Formel können Sie gut als Checkliste für die Definition Ihrer beruflichen und persönlichen Ziele einsetzen. «Ich suche eine interessante Herausforderung», ist weder spezifisch noch terminierbar. Es lassen sich keine Schritte ableiten, mit denen man dieses Ziel erreichen kann. Die folgenden zwei Ziele dagegen bestehen den SMART-Check und ermöglichen, Zwischenziele und Meilensteine zu definieren.

SMARTES ZIEL 1: «Ich suche eine Stelle als Schadensachbearbeiter bei einer Personenversicherung. Besonders Kenntnisse und langjährige Erfahrung habe ich im Bereich UVG. Ich möchte meine Englisch- und Italienischkenntnisse einbringen können.»

SMARTES ZIEL 2: «Ich suche eine leitende Position im Bereich XY, da ich gern Verantwortung trage und meine Führungsarbeit fortsetzen möchte. Ich möchte mein in der jetzigen Tätigkeit aufgebautes, internationales Netzwerk ausbauen und meine Sprachkenntnisse nutzen. Aus familiären Gründen sollte die Reisetätigkeit 40 Prozent nicht überschreiten. In drei bis fünf Jahren, wenn die Kinder aus dem Haus sind, könnte ein weiterer Schritt sein, eine Auslandsniederlassung zu leiten.»

Ein Ziel definieren bedeutet nicht, keine Optionen zuzulassen. Es macht durchaus Sinn, zwei oder drei Optionen zu definieren und diese parallel zu verfolgen. Beispielsweise könnte ein Betriebsökonom, der zuletzt als Vertriebsleiter in einer grossen Firma tätig war, zwei Zieloptionen formulieren: wieder eine vergleichbare Position finden oder aber die Gesamtverantwortung für ein kleineres Unternehmen übernehmen, da er auch über Erfahrung im Finanz- und Rechnungswesen und im Marketing verfügt.

Bleiben Sie pragmatisch

Viele ältere Berufstätige, die eine Neuorientierung anpacken, formulieren pragmatische Ziele, die relativ nah an den bisherigen Tätigkeiten liegen. Nur ein Bruchteil wechselt sowohl die Branche als auch die Funktion (siehe Grafik). Geschichten wie die vom Herzchirurgen, der zum LKW-Fahrer mutierte, sind selten – zudem muss man sich eine solche Wahl erst mal leisten können.

Erfahrungsgemäss stellt sich der Sucherfolg in den meisten Fällen umso schneller ein, je näher man mit seinen Optionen bei den bisherigen Erfahrungen und Kenntnisse bleibt. Es liegt ja auf der Hand, dass man nur verkaufen kann, was man im Angebot hat. Und wenn man – als älterer Arbeitnehmer – über jahrelange Erfahrung in einer Funktion oder ein über Jahrzehnte aufgebautes Netzwerk verfügt, kann genau dies für eine Arbeitgeberin interessant sein. Hingegen ist der Erklärungsbedarf um einiges

BRANCHEN- UND FUNKTIONSWECHSEL

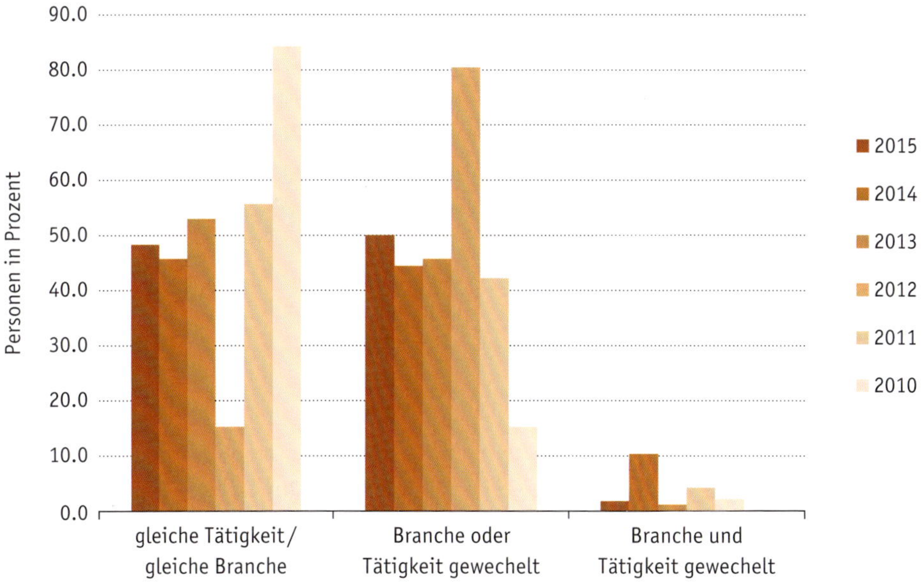

Quelle: Klientenstatistik 2010–2015, Dr. Nadig + Partner

grösser, wenn jemand plötzlich eine ganz neue Funktion ausüben möchte oder die Branche komplett wechseln will.

Die persönliche Veränderung kann auch einschneidend sein, wenn Sie der Branche oder der Funktion oder beidem treu bleiben. Eine neue Leitungsfunktion in der gleichen Branche kann erheblich neue Herausforderungen beinhalten, beispielsweise durch eine andere (grössere oder kleinere) Führungsspanne, eine andere Teamstruktur (sehr homogen, sehr heterogen) oder auch eine komplett andere Firmenkultur.

Man sollte sich darüber im Klaren sein, dass jeder Entscheid einen Preis fordert. Oft werden Ziele unrealistisch, wenn die Standortbestimmung nicht sorgfältig gemacht wurde.

Und das Salär?

Natürlich kann man sich auf den Standpunkt stellen, eine Art Geburtsrecht auf den einmal erarbeiteten Besitzstand zu haben, doch dies wird einem höchstens Verbitterung und Frustration einbringen. Sinnvoller ist es, realistisch zu bleiben, zu recherchieren, welche Löhne in den relevanten Branchen und für vergleichbare Funktionen aktuell gezahlt werden, und so einen Wiedereinstiegsbereich zu finden. Wer zum Beispiel bisher in einer stark spezialisierten Funktion tätig war oder eine Aufgabe hatte, die von speziellen Prozessen und Strukturen im Betrieb bestimmt wurde, ausserdem noch ein hohes Gehalt erhielt, wird kaum eine gleichartige Position zu einem ähnlichen Gehalt finden.

EIN FORSCHUNGSINGENIEUR hat seit vielen Jahrzehnten für ein Unternehmen gearbeitet, das ausschliesslich in einer hoch spezialisierten Technologie tätig war. Als die Firma schliesst, durchläuft er eine intensive Suchphase. Schliesslich hat er die Wahl zwischen einem Start-up in der Schweiz und einem etablierten Unternehmen in Nevada. Er entscheidet sich für das Start-up, das an die ihm vertraute Technologie glaubt, obwohl die junge Firma ihm keinerlei Sicherheit bieten kann und auch keinen mit seinem früheren Salär vergleichbaren Lohn.

Dass man eine finanzielle Einbusse in Kauf nehmen muss, ist allerdings nicht der Regelfall. Gemäss den Erfahrungen in der Outplacement-Beratung können viele das Salärniveau halten, einige verdienen nach der Neuorientierung gar mehr.

EINE FIRMENKUNDENBERATERIN bei einer Bank war 15 Jahre lang sehr erfolgreich für ein bestimmtes Verkaufssegment tätig. Dennoch blieb sie mehr oder weniger auf demselben Salärniveau, während neue Mitarbeitende mit höheren Einstiegslöhnen starteten. Als die Frau zu einem anderen Institut wechselte, erhielt sie ein 30 Prozent höheres Salär, obwohl sie das genau gleiche Tätigkeitsfeld hatte.

SALÄRENTWICKLUNG BEI DER NEUORIENTIERUNG

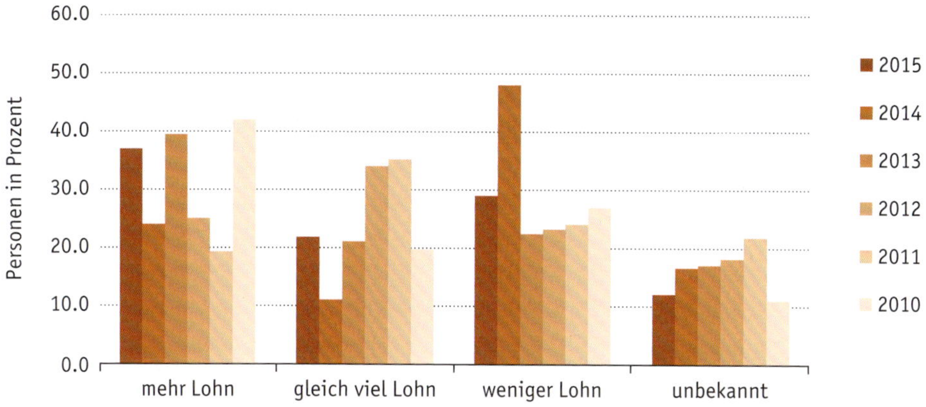

Quelle: Klientenstatistik 2010–2015, Dr. Nadig + Partner

KLEINE SPRACHSCHULE: FÜNF GEBOTE DER VERSTÄNDLICHKEIT

Ob Sie einen formellen Bewerbungsbrief schreiben, ein freundliches Bestätigungsschreiben, eine schnelle E-Mail – die Jobsuche verlangt immer wieder, dass Sie sich schriftlich ausdrücken. Die Schweizerische Textakademie unterstützt und trainiert seit vielen Jahren Stellensuchende im Schreiben von Bewerbungen. Hier die wichtigsten Tipps, mit deren Hilfe Sie Ihre Texte aussagekräftig gestalten und auf die Empfänger massschneidern.

1. Konkret statt abstrakt

- Abstrakt wirkt blass:
  Die enge Zusammenarbeit mit der Bereichsleitung in strategischen Projekten sowie die Unterstützung des Managements in betriebswirtschaftlichen und finanziellen Fragen gehörten ebenso zu meinen Aufgaben wie die Weiterentwicklung des Controllings.
- Konkret sagt viel mehr:
  Ich habe in strategischen Projekten eng mit der Bereichsleitung zusammengearbeitet. Dabei habe ich das Management in betriebswirtschaftlichen und finanziellen Fragen unterstützt und darüber hinaus das Controlling weiterentwickelt.

Vermeiden Sie eine Häufung von abstrakten Nomen auf -ung, -keit, - tion, -ment, -enz und Ähnliches. Denn solche Abstrakta sind schwer verständlich und erzeugen keine Emotionen, wirken distanziert und menschenfremd.
Setzen Sie auf konkrete Verben:

- Nicht: *Diese Aufgabe stellt für mich eine Herausforderung dar.*
- Sondern: *Diese Aufgabe fordert mich heraus.*

2. Portioniert statt linear

- Linear ist unübersichtlich:
  Gegenwärtig bin ich für die Führung des genannten Verantwortungsbereichs und somit für die Sicherstellung der Qualität der Dienstleistungen zuhanden der Schweizer Kunden zuständig.
- Portioniert wirds klarer:
  Gegenwärtig führe ich den genannten Verantwortungsbereich. Dabei sichere ich die Qualität der Dienstleistungen, die für die Schweizer Kunden im Angebot stehen.

Vermeiden Sie überlange Nominalgruppen – sprich: überlange Aneinanderreihungen von Nomen und Attributen. Denn solche Nominalgruppen sind schwer verständlich. Sie erwecken damit den Eindruck, linear statt vernetzt zu denken und nicht in der Lage zu sein, Wichtiges von weniger Wichtigem zu trennen.
Setzen Sie auf strukturierte Aussagen:

- Nicht: *Ich bin für die Planung [Attribut 1] der Weiterbildungsmassnahmen [Attribut 2] für alle Mitarbeitenden [Attribut 3] in unseren europäischen Niederlassungen [Attribut 4] zuständig.*
- Sondern: *Ich plane die Weiterbildungsmassnahmen für alle Mitarbeitenden, die in unseren europäischen Niederlassungen tätig sind.*

3. Präzise statt beliebig

- Beliebig sagt wenig aus:
  Ich habe die verschiedenen Aufgaben des Tagesgeschäfts koordiniert. Zudem habe ich in verschiedenen marktnahen Projekten aktiv mitgearbeitet und kann einige Jahre Erfahrung im modernen Produktmanagement vorweisen.
- Präzise wirkt kompetent:
  Ich habe alle Aufgaben des Tagesgeschäfts koordiniert. Zudem habe ich in drei marktnahen Projekten aktiv mitgearbeitet und weise fünf Jahre Erfahrung im modernen Produktmanagement vor.

Streichen Sie unpräzisen Wortballast wie ...

- Modalverben: können, dürfen und Co.
- unbestimmte Angaben: nicht «viele», sondern «wie viele»
- Allerweltswörter: Bereich, Konzept, Aspekt etc.
- den höflichen Konjunktiv: würde

Denn Wortballast ist informationsarm, wirkt beliebig und unverbindlich.
Setzen Sie auf schlanke Aussagen ohne Wortballast:

- Nicht: *Ich habe viele Jahre Erfahrung im Bereich der Marketingkommunikation sammeln können und würde mich über eine Einladung zu einem persönlichen Gespräch freuen.*
- Sondern: *Ich habe drei Jahre Erfahrung in der Marketingkommunikation gesammelt und freue mich über eine Einladung zu einem persönlichen Gespräch.*

4. Knapp statt geschwätzig

- Geschwätzig klingt fad:
  Ich verfüge über ein lösungsorientiertes Denken und gehe pragmatisch vor. In meiner bisherigen Tätigkeit konnte ich ein engagiertes und motiviertes Team selbständig und unternehmerisch führen.
- Knapp und informativ bringt mehr:
  Ich denke und arbeite stets lösungsorientiert. In meiner bisherigen Tätigkeit habe ich ein engagiertes Team unternehmerisch geführt.

Adjektive verleiten zu pleonastischer Ausdrucksweise (fachkundige Experten). Sie verringern oft die Prägnanz der Aussage und wirken rasch geschwätzig.
Setzen Sie auf knappe, klare Aussagen:

- Nicht: *Ich verfüge über ein ausgesprochenes Flair für neue, innovative Methoden.*
- Sondern: *Ich verfüge über ein Flair für neue Methoden.*

Adjektive transportieren keine Kernaussage. Kernaussagen gehören vielmehr ins Verb und seine Ergänzungen:

- Nicht: *Als teamfähige Persönlichkeit verstehe ich es, meine Kollegen zu motivieren.*
- Sondern: *Ich bin teamfähig. Daher verstehe ich es, meine Kollegen zu motivieren.*

Verzichten Sie auf Behauptungen – liefern Sie Belege:

- Nicht: *Ich bin eine teamfähige Persönlichkeit.*
- Sondern: *Ich habe die Kommunikation zwischen den Arbeitsgruppen wesentlich verbessert. Dies belegt meine Teamfähigkeit.*

5. Prägnant statt zögerlich

- Zögerlich wirken überlange Sätze:
  Als Projektmitarbeiter für die Bereiche Finanzen/Controlling und Asset Management, Marketing/Verkauf sowie Logistik und Produktion habe ich die Consultants der Tochtergesellschaften vor Ort unterstützt, aktiv bei der Umsetzung der anspruchsvollen Einführungsprojekte mitgewirkt und als Schnittstelle zu den externen Mitarbeitenden gedient. (1 überlanger Satz mit 40 Wörtern)
- Knappe, prägnante Sätze bringen Ihre Fähigkeiten auf den Punkt:
  Als Projektmitarbeiter arbeitete ich für die folgenden Bereiche: Finanzen/Controlling und Asset Management, Marketing/Verkauf sowie Logistik und Produktion. Dabei unterstützte ich die Consultants der Tochtergesellschaften vor Ort. Ferner wirkte ich bei der Umsetzung der Einführungsprojekte mit und diente als Schnittstelle zu den externen Mitarbeitenden. (3 Sätze, jeder mit höchstens 20 Wörtern)

Ein deutscher Satz verfügt über maximal 25 Wörter. Überlange Sätze sind schwer verständlich, wirken zögerlich und lassen Sie nicht auf den Punkt kommen. Objektiv und sachlich wirken Sätze mit 14 bis 18 Wörtern.

Ihr Auftritt auf dem Arbeitsmarkt

Ihre Zieloptionen sind klar. Jetzt beginnen die Vorbereitungsaufgaben, um das Ziel tatsächlich zu erreichen. Ihre Bewerbungsunterlagen, Ihre Referenzen und Ihr persönlicher Auftritt sollten optimal zusammenstimmen, damit die für Sie interessanten Unternehmen auf einen Blick erkennen, was Sie zu bieten haben.

In einer Bewerbungskampagne sind Sie einerseits das «Produkt» und anderseits zugleich der Verkäufer dieses Produkts. Als Produkt sind Sie die Summe all Ihrer Erfahrungen, Leistungen, Kenntnisse und Persönlichkeitsmerkmale. In der Rolle des Verkäufers müssen Sie dieses Produkt richtig positionieren, bewerben und eben verkaufen. Das ist eine doppelte Herausforderung!

Aussagekräftige Bewerbungsunterlagen

Anhand Ihrer Bewerbungsunterlagen soll sich ein künftiger Arbeitgeber ein Bild von Ihnen machen können, möglichst vollständig, aber auch möglichst rasch und übersichtlich. Auf folgende Punkte kommt es an.

Der Aufbau

Bewerbungsunterlagen umfassen einen Bewerbungsbrief, einen Lebenslauf sowie die Arbeitszeugnisse von allen Ihren bisherigen Stellen. Ausserdem erwartet werden alle Dokumente, die Ihren Ausbildungsgang bezeugen (in Kopie): zum Beispiel Lehrabschlusszeugnis, eidgenössisches Fähigkeitszeugnis, Studienbescheinigung. Dazu kommen Belege für Ihre Weiterbildungen: Diplome, Zertifikate, Kursbestätigungen.

Allerdings haben sich mit den Jahren wohl viele Kursbestätigungen, Referenzschreiben und Ähnliches angesammelt. Sollen die wirklich alle mitgeschickt werden? Denken Sie bei der Zusammenstellung der Unterlagen an die Person, die diese Informationen bekommt. Ein Zuviel entwertet die wirklich wichtigen Ausbildungsschritte in Ihrer Karriere: Steht das Diplom «Executive Master of Business Administration» oder das Eidgenössische Diplom für Organisation gleichberechtigt mit dem Halbtageskurs «Schwierige Gespräche führen» auf Ihrer Liste, wird dies für den Leser verwirrend. Die wichtigen Stationen gehen unter.

TIPPS *Vollständigkeit hat nicht immer erste Priorität. Gerade betriebsinterne Weiterbildungen können Sie auch im Lebenslauf zusammenfassen, ohne für jeden Tageskurs ein Zertifikat beizulegen.*

Manchmal, je nach beruflichem Rahmen, gehört auch eine Liste Ihrer Publikationen in Ihre Unterlagen.

CHECKLISTE BEWERBUNGSUNTERLAGEN

Chronologisch:	Die Unterlagen in der gleichen Reihenfolge sortieren, wie sie im Lebenslauf aufgeführt sind.
Vollständig:	Jede wichtige berufliche Station mit einem Arbeitszeugnis dokumentieren; zu jeder erfolgreich abgeschlossenen Ausbildung ein Diplom oder eine Bescheinigung beilegen.
Relevant:	Nur wichtige Dokumente mitschicken.
Kopierbar:	Alle Dokumente müssen gut kopierbar sein; keine gehefteten Dokumente beilegen, keine Büroklammern verwenden.

Bewerbungsform: Der Empfänger bestimmt

Es gibt verschiedene Möglichkeiten, Bewerbungsunterlagen einzureichen. Wichtig ist, dass Sie sich nach dem richten, was der Empfänger verlangt, und nicht nach dem, was für Sie am bequemsten ist. In aller Regel sagt Ihr Gegenüber – persönlich oder via Inserat –, in welcher Form es die Unterlagen erhalten möchte. Auch den Umfang legen die Empfänger manchmal fest. Wenn für eine erste Sichtung nur der Lebenslauf und das Zeugnis des letzten Arbeitgebers verlangt werden, dann sollten Sie auch nur diese Dokumente schicken.

Bewerbung per Post

Auch heute werden gelegentlich noch vollständige Bewerbungsunterlagen per Post verlangt. Man erwartet von Ihnen also einen Bewerbungsbrief sowie eine Mappe mit Ihrem Lebenslauf, Ihren vollständigen Zeugnissen und Ausbildungsdokumenten. Wenn Sie eine Absage erhalten, muss Ihnen dieses Dossier zurückgeschickt werden.

ACHTUNG *Werden die Unterlagen nicht ausdrücklich in Papierform verlangt, schicken Sie sie unbedingt elektronisch. Viele Unternehmen reagieren nicht gut darauf, wenn sie mit Papier überhäuft werden. Es gibt sogar Firmen, die akzeptieren gar keine physischen Unterlagen.*

Elektronische Bewerbung

Überwiegend werden Unterlagen heute per E-Mail angefordert. Wichtige Punkte dazu sind:

- Vollständige Bewerbungsunterlagen bestehen auch per E-Mail aus einem Bewerbungsbrief, einem Lebenslauf und allen relevanten Dokumenten.
- Den Text Ihrer E-Mail halten Sie knapp: «In der Beilage erhalten Sie meine Unterlagen.» Doch dies ersetzt nicht den Bewerbungsbrief. Schicken Sie ein ausformuliertes Schreiben als separates Attachement mit.
- Senden Sie die gesamten Unterlagen in einer E-Mail, aber nicht in einem Dokument! Der Bewerbungsbrief ist ein Dokument, der Lebenslauf eins und die weiteren Unterlagen können Sie je nach Umfang als ein drittes Dokument schicken oder unterteilen in Zeugnisse und Ausbildungsbelege. Wenn möglich komprimieren Sie die Dokumente. Und auch hier schätzt es kein Empfänger, wenn er, falls er schnell Ihren Lebenslauf ausdrucken möchte, zusätzlich 60 Seiten Kursbescheinigungen in der Hand hält.
- Erwähnen Sie die Positionsbezeichnung und/oder die Referenznummer des Inserats in der Betreffzeile der E-Mail.
- Um sicherzugehen, dass Ihre Unterlagen auch so beim Empfänger ankommen, wie Sie es wollen, empfiehlt es sich, die Dateien vor dem Verschicken in ein PDF-Format umzuwandeln. Andernfalls riskieren Sie, dass Formatierungen wie Unterstreichungen, Fett- oder Kursivschrift beim Empfänger anders aussehen als in Ihrem Ausdruck.

Bewerbung über ein Bewerbungstool oder -portal
Vor allem bei global tätigen Firmen sind Bewerbungen auf offene Positionen nur noch über Bewerbungstools möglich. Als Bewerber, als Kandidatin müssen Sie Ihren Lebenslauf standardisiert in eine Maske eingeben, und oft ist auch der Umfang der Attachements vorgegeben. Ein Ansprechpartner wird meist nicht genannt. In der Regel erhält man sofort eine automatisch ausgelöste Eingangsbestätigung. Eine Rekrutiererin im Unternehmen prüft dann Ihre Bewerbung und lädt Sie entweder zu einem Gespräch oder – oft der erste Schritt – zu einem Telefoninterview ein.

Oder man schickt Ihnen eine Absage. Diese ist häufig mit der Frage verknüpft, ob Sie einverstanden sind, dass man Ihre Unterlagen speichert, um Sie gegebenenfalls für andere Vakanzen zu kontaktieren. Auf diese Art landen Sie in einer umfangreichen Datenbank, die den Rekrutierern dieses Unternehmens bei späteren Stellenbesetzungen zu Verfügung steht.

Der Lebenslauf

Ihr Lebenslauf – andere Bezeichnungen sind Curriculum Vitae (CV) oder Resümee – ist Ihre «Produktbroschüre», die Ihnen den Zugang zu der für Sie idealen Position verschaffen soll. Er ist ein Instrument, um relevante Informationen zu Ihren Fähigkeiten, Erfahrungen und Leistungen hervorzuheben. Der Empfänger will daraus lesen können, ob Sie die für die Position erforderlichen Kenntnisse und Erfahrungen mitbringen.

Gerade für ältere Bewerber gilt es, abzuwägen zwischen Vollständigkeit und Übersichtlichkeit, beim Abfassen des Lebenslaufs genauso wie beim Zusammenstellen der Unterlagen. Viele haben die Tendenz, alles, aber auch wirklich alles, was sie je gemacht oder erreicht haben, aufzuschreiben. Ein Lebenslauf ist jedoch nicht das geeignete Dokument, um langfädig jedes einmal geleitete Projekt darzustellen.

Viel wichtiger ist, dass der Lebenslauf Ihre berufliche Karriere dokumentiert und darüber hinaus eine nachvollziehbare Entwicklung aufzeigt. Es muss erkennbar sein, dass Sie nicht einfach «dabei waren», sondern sich über verschiedene Positionen zu der Person entwickelt haben, die Sie heute sind. Das Ziel Ihrer Neuorientierung sollte die logische Fortsetzung dieser Entwicklung sein. Im Idealfall erzählen Ihre Unterlagen eine Geschichte, deren Happyend die jetzt anvisierte Position ist.

TIPP *Ihr Lebenslauf wird in durchschnittlich zwei Minuten gesichtet! Er sollte daher maximal drei Seiten umfassen. Sonst wird er vom Empfänger nicht gelesen.*

Die richtige Form

Die Standardform des Lebenslaufs ist tabellarisch und chronologisch, beginnend mit der aktuellen oder letzten Position. Diese Form hat sich durchgesetzt, weil sie leserfreundlich und übersichtlich ist. Wie lange Sie in den einzelnen Positionen tätig waren, sollten Sie auf Stufe Monat an-

ÜBLICHER AUFBAU EINES LEBENSLAUFS

Ein Lebenslauf enthält (in der Regel) folgende Elemente:

- **Foto** (optional): Wenn Sie ein Bild einfügen, muss es ein professionelles Bewerbungsfoto sein (Profifotograf, neutraler Hintergrund, Business-Outfit). Urlaubsfotos, Ausschnitte von Privatfotos in Freizeitkleidung sind ein No-Go!
- **Persönliche Angaben:** Adresse, E-Mail, Telefon, Familienstand; Anzahl Kinder mit Jahrgängen (ein Hinweis auf Ihre örtliche Flexibilität); eventuell Geburts- oder Heimatort (gibt Hinweise auf die Verbundenheit mit einer Region); gegebenenfalls militärischer Grad. Nicht (mehr) in den Lebenslauf gehören der Name und der Beruf des Ehepartners, der Ehepartnerin oder Angaben zu den Eltern.
- **Beruflicher Werdegang:** Alle Ihre beruflichen Stationen, Hauptaufgaben und Leistungen in den jeweiligen Funktionen. Vermeiden Sie unbedingt Selbstqualifizierungen («umsichtige Leitung des Schadenteams»), langatmige Darstellungen einzelner Projekte, Ausführungen zu Ihren Arbeitgebern.
- **Aus- und Weiterbildung:** Aufzählung der Stationen Ihrer Ausbildung sowie Ihrer Weiterbildungen; Hinweise auf erfolgreiche Abschlüsse (Titel) oder «nur» Teilnahme; Quantifizierung des zeitlichen Aufwands in Tagen oder Wochen. Vermeiden Sie eine beliebige Auflistung von Kursen.
- **Berufliche Unterbrechungen** wie Militär, Auslandsaufenthalte.
- **Mitgliedschaften:** In einigen Fällen kann es sinnvoll sein, Mitgliedschaften in Parteien, Vereinen oder Verbänden aufzulisten. Auch Verwaltungsratsmandate gehören in den Lebenslauf.
- **Veröffentlichungen:** Je nach Situation empfiehlt es sich, Ihre Veröffentlichungen im Lebenslauf zu erwähnen. Eine vollständige Publikationsliste, zum Beispiel für wissenschaftliche Funktionen, gehört aber in einen Anhang.

geben: 01/2014–07/2015. Geben Sie nur die Jahre an (2014–2015), könnten Sie einen beruflichen Unterbruch von fast einem Jahr kaschieren. Das weckt Misstrauen.

TIPP *Gibt es in Ihrem Lebenslauf längere Lücken, sollten Sie diese erklären. Solche Lücken können zum Beispiel entstehen wegen Auslandsaufenthalten oder Reisen, Familienpausen, Arbeitslosigkeit, Militärdienst. Unerklärte Lücken generieren Zusatzaufwand und Fragezeichen beim Empfänger.*

Andere Form für den Lebenslauf

Es kann Gründe geben – zum Beispiel eine sehr unstete Laufbahn –, die tabellarische Form zu vermeiden. Als Alternative kann man einen funktionalen Lebenslauf verfassen, bei dem der Schwerpunkt auf den Leistungen und Erfahrungen bezüglich Funktion und Verantwortung liegt. Ein solcher Lebenslauf kann etwa nach Kompetenzbereichen gegliedert sein: Führungserfahrung, Verkaufserfahrung, Projekterfahrung.

Ihr Bewerbungsbrief – ein Türöffner

Einen guten Bewerbungsbrief zu schreiben, ist eine Kunst und erfordert Zeit. Denn es ist sehr viel schwieriger, mit wenigen Worten das Wesentliche auf den Punkt zu bringen, als langwierige Erklärungen abzugeben – getreu den (unter anderen) Goethe zugeschriebenen Worten: «Entschuldigen Sie, dass ich Ihnen einen langen Brief schreibe, für einen kurzen hatte ich keine Zeit.»

Obwohl Ihr Bewerbungsbrief in 30 Sekunden überflogen wird, sollten Sie sich die nötige Zeit dafür nehmen – und zwar ungefähr einen halben Tag! Ein paar Grundsätze dazu:

Individuell

Es gibt nicht *Ihren* Bewerbungsbrief! Jede Bewerbung erfordert ein auf das Unternehmen und die Position abgestimmtes Schreiben. Wenn Sie auf jedes Stelleninserat den gleichen Brief schicken, können Sie den Empfänger gar nicht persönlich abholen. Niemand schätzt es, Adressat von Sammelmails zu sein!

Adressatengerecht

Schreiben Sie adressatenorientiert. Der Position, für die Sie sich bewerben, liegt ein Profil zugrunde. Ihre Aufgabe ist, einen «Match», also eine Übereinstimmung, herzustellen zwischen diesem Profil und Ihren Erfahrungen und darzulegen, welchen Beitrag Sie zum Erfolg des Unternehmens leisten können.

Anders herum geht die Rechnung nicht auf: Niemanden interessiert, warum dieses Unternehmen für Sie die Erfüllung Ihrer persönlichen Träume ist oder dass sich die Position genau mit Ihrer beruflichen Zielsetzung deckt. Oft liest man in Bewerbungsschreiben Sätze wie: «Nach langjähriger Tätigkeit in den Bereichen X, Y und Z reizt es mich sehr, auch noch die Tätigkeit W kennenzulernen.» Oder: «Eine erweiterte Führungsaufgabe, wie in Ihrem Inserat beschrieben, gäbe mir die Möglichkeit, meine Führungskompetenz auszubauen.» Schön, aber irrelevant. Sie sollen für Ihren neuen Arbeitgeber ein Problem lösen, Ihr neuer Arbeitgeber soll nicht Ihre Wünsche erfüllen!

Informiert

Um einen guten Bewerbungsbrief schreiben zu können, müssen Sie zunächst einmal so viel wie möglich über das Unternehmen herausfinden. Fakten zur Firma, zu den Führungskräften, zu Ihrer Ansprechpartnerin gemäss Inserat lassen sich heute relativ einfach recherchieren (mehr dazu auf Seite 163). Der Aufhänger für Ihr Schreiben ist sehr viel besser, wenn Sie sich zum Beispiel auf eine geplante Massnahme beziehen: «Sie eröffnen in XY eine Niederlassung. Gern unterstütze ich Ihre Ausbaupläne.» Das zeigt, dass Sie sich mit dem Unternehmen beschäftigt haben.

TIPP *Vermeiden Sie unbedingt ein neutrales «Sehr geehrte Damen und Herren» in der Anrede. Übernehmen Sie den Namen der Person, die in der Anzeige als Ansprechpartnerin genannt wird. Sollte kein Name erwähnt sein, machen Sie sich die Mühe, telefonisch herauszufinden, wer für diese Vakanz zuständig ist. Mit ein wenig Aufwand ist das fast immer möglich.*

Konstruktiv

Ein Bewerbungsschreiben sollte sich darauf konzentrieren, was Sie können und wollen. Defizitorientierte Formulierungen haben darin nichts zu suchen: «Leider wurde ich aufgrund einer Umstrukturierung entlassen und suche daher ...» Oder: «Ich hoffe, dass Sie meine Bewerbung berücksichtigen, auch wenn ich nicht ganz in den von Ihnen vorgegebenen Altersrahmen passe.» Aus Mitleid stellt Sie niemand ein!

Ebenso wenig sollten Sie besserwisserische Phrasen verwenden. Einleitungssätze wie: «Moderne Dienstleistungsunternehmen ohne komplexe, vernetzte Steuerungssysteme sind nicht überlebensfähig», beweisen nicht Kompetenz, sondern haben einen belehrenden Unterton. Das Gleiche gilt für Belobigungen. Sie können Ihr Interesse an einem Unternehmen mit dessen Image, Ihrem persönlichen Bezug zu den Produkten, zur Innovationskraft der Firma begründen. Vermeiden Sie aber Schmeichelei und Bewertung der Firma: Das wirkt schnell herablassend.

TIPP *Nicht erwünscht sind Binsenweisheiten. Bemerkungen wie: «Sicher ist, dass nichts sicher ist», oder: «Nichts ist so stetig wie der Wandel», gehören nicht in Ihr Bewerbungsschreiben.*

Wichtig: Ihre Internetpräsenz

In die Startphase Ihrer Jobsuche gehört auch eine Überprüfung Ihrer Präsenz im Internet. Eine gute Selbstpräsentation im Netz ist unabdingbar,

- um sichtbar zu sein für Arbeitgeber, Personalberater, Netzwerker
- sowie für eigene Recherche und Netzwerkarbeit.

Viele ältere Stellensuchende sind zu Beginn der Neuorientierung online unsichtbar. Sie sind in keinem sozialen Netzwerk, haben keine Website, veröffentlichen nichts. Vielen ist das gar nicht bewusst, bei anderen gibt es dafür Gründe: etwa eine Abwehrhaltung, die mit Daten- und Persönlichkeitsschutz begründet wird. Die Vorstellung, sich im Internet für alle sichtbar zu präsentieren, ist ungewohnt und unangenehm. Oft wird auch die Bedeutung der sozialen Netzwerke heruntergespielt: Soziale Medien seien eine Zeiterscheinung für die Jungen, für Ältere nicht relevant.

Der grösste Marktplatz

Wer so argumentiert, leugnet schlicht die Realität. LinkedIn ist mit 250 Millionen Mitgliedern das grösste Online-Berufsnetzwerk weltweit, 4 Millionen dieser Mitglieder befinden sich in der deutschsprachigen D-A-CH-Region (Deutschland, Österreich, Schweiz). Es gibt über 1 Million LinkedIn-Gruppen, und mehr als 2 Millionen Unternehmen haben dort eine Firmenseite. Xing, der Marktführer im deutschsprachigen Raum, hat 7 Millionen Mitglieder in der D-A-CH-Region und über 66 000 Fachgruppen. Das Durchschnittsalter der Xing-Benutzer ist 43,8 Jahre, das der LinkedIn-Mitglieder 46,2 Jahre.

Das Internet ist fünfundzwanzig Jahre alt; die sozialen Netzwerke des sogenannten Web 2.0 sind zwar bedeutend jünger, aber aus dem Alltag nicht mehr wegzudenken. Diese Entwicklung zu ignorieren, nicht mitzumachen entspricht etwa der Haltung jener Menschen, die seinerzeit die Erfindung der Dampfmaschine ignorierten und fanden, die Geschwindigkeit eines fahrenden Zuges entspreche nicht der menschlichen Natur. Im Jahr 2015 digital unsichtbar zu sein, ist für eine erfolgreiche Stellensuche schlicht ein No-Go. Zudem lässt es auf eine Veränderungsfeindlichkeit schliessen, was bei Entscheidungsträgern ungünstige Rückschlüsse auslösen kann.

«Wir sind nicht nur für unser Tun verantwortlich, sondern auch für das, was wir nicht tun.»

Molière, französischer Dramatiker

E-Recruiting der Unternehmen

Unternehmen suchen schon seit längerer Zeit im Internet aktiv nach geeigneten Kandidaten. Dies war früher ein Tabu, stattdessen engagierten Unternehmen Personalberater für die Direktansprache. Heute ist «Active Sourcing», die gezielte Ansprache von potenziellen Mitarbeitenden über Social Media, fester Aufgabenbestandteil von Personalverantwortlichen und Bestandteil fast jedes Rekrutierungsprozesses.

Auch wird heute wohl kaum noch jemand eingestellt, ohne dass sich die Rekrutierer vorher im Internet in irgendeiner Form über den potenziellen Mitarbeiter informiert hätten: Mit welchem Bild präsentiert sich der Kandidat, mit wem ist er vernetzt? Was gibt die Bewerberin als Interessen an?

Kontrolle übernehmen

Sie sollten also eine Präsenz im Internet haben – und diese Präsenz unbedingt kontrollieren.

Das Bild, das von Ihnen entsteht, sollte vorzeigbar sein. Falls bei Ihrer Google-Recherche ein Handelsregistereintrag von 1987 erscheint, dazu-

TO DO: WER BIN ICH ONLINE?

Geben Sie Ihren Namen versuchsweise bei Google ein. Welche Informationen erhalten Sie dort über sich?

noch ein Zeitungsartikel über den Ruderklub, den Sie in Ihrer frühen Jugend präsidierten, dann ist das fast genauso schlimm, wie wenn es gar keinen Eintrag gibt. Schlecht ist natürlich auch, wenn man beim Googeln Ihrer Person auf Fotos von feuchtfröhlichen Gartenpartys trifft oder alberne oder tendenziöse Kommentare auf Blogs liest.

Kontrolle übernehmen heisst dafür sorgen, dass Sie so im Internet präsent sind, wie Sie wahrgenommen werden möchten. Sie können das erreichen, indem Sie in den wichtigsten sozialen Netzwerken ein gutes, durchdachtes Profil hinterlegen und diese Seiten dann miteinander verlinken. Sie können auch eine eigene Website aufbauen, in der Sie sich präsentieren, und diese ebenfalls mit Ihrem Auftritt in den Netzwerken verlinken. Und Sie können durch überlegte Kommentare und Beiträge in fachspezifischen Blogs oder durch die Teilnahme an einer Expertengruppe Ihre Präsenz im Netz erhöhen.

Wenn Sie noch kein Xing- oder LinkedIn-Profil haben, erstellen Sie eines oder noch besser, werden Sie auf beiden Plattformen aktiv. Das Erstellen eines Profils ist einfach: Beide Plattformen unterstützen die Anwender dabei; hier einige Tipps:

- Beherzigen Sie die gleichen Regeln wie beim Erstellen des Lebenslaufs: Übersichtlichkeit und Relevanz!
- Auf Businessplattformen sollte Ihr Bild so gewählt sein, dass auch ein potenzieller neuer Arbeitgeber sich einen guten Eindruck von Ihnen machen kann. Allzu freizeitorientierte Fotos eignen sich nicht.
- Beachten Sie unbedingt die Einstellungen, mit denen Sie Ihre Privatsphäre schützen können. In beiden Netzwerken können Sie festlegen, wer Ihre Daten sehen darf, wer Sie kontaktieren darf, wer welche Ihrer Bewegungen im Netz sehen darf.
- Auch die Beschreibung Ihrer Person sollten Sie sorgfältig formulieren. Die Begriffe, die Sie dort für Ihre beruflichen Qualifikationen und Stär-

ken (ich biete) eingeben, werden über Suchmaschinen gefunden. Das bedeutet: Sie müssen selbst denken wie eine Suchmaschine. Nach welchen Begriffen würden Sie sich selbst suchen? Xing schlägt sogar hilfreiche Suchbegriffe vor. Wählen Sie kurze Schlüsselwörter für Ihre Kenntnisse – zum Beispiel: Abacus, SAP, CAD, Personalentwicklung. Vermeiden Sie Einträge wie «langjährig erfahrener SAP-Anwender» oder «passionierter Personalentwickler». Die Chance, dass jemand so sucht, ist gering.

TIPP *Hinweise, wie Sie über Social Media Ihr berufliches Netzwerk erweitern und spannende Kontakte finden können, erhalten Sie im nächsten Kapitel.*

TO DO: MEIN PROFIL

Definieren Sie Ihre Traumstelle oder nehmen Sie ein Stelleninserat, das Sie sehr interessiert, und machen Sie die Probe aufs Exempel: Geben Sie in der (erweiterten) Suchfunktion von Xing oder LinkedIn die wichtigsten Schlüsselwörter des gesuchten Profils ein: Werden Sie gefunden? Wenn nicht, sollten Sie Ihre Selbstdarstellung in den Plattformen präzisieren oder ergänzen.

Referenzen

Referenzen werden zwar erst am Schluss eines Bewerbungsverfahrens eingeholt, dennoch müssen Sie sich um das Thema zu Beginn Ihrer Stellensuche kümmern. Die Auskunft Ihrer Referenzpersonen dient einem potenziellen Arbeitgeber als Ergänzung und Überprüfung Ihrer Angaben sowie des Eindrucks, den Sie beim Bewerbungsgespräch hinterlassen haben. Zudem spielen Referenzen eine wichtige psychologische Rolle für den neuen Arbeitgeber: Er möchte durch eine externe Drittperson bestätigt werden und fühlt sich bei einer positiven Referenz in seiner Entscheidung bestärkt. Daher kommt den Referenzen eine wichtige Rolle zu, insbeson-

WAS GEHÖRT IN EINE REFERENZAUSKUNFT?

Sprechen Sie Ihre Referenzpersonen auf folgende Themen an. In der Regel wird ein potenzieller Arbeitgeber danach fragen.

- Beziehung – wie lange und in welchem Zusammenhang kennt der Referenzgeber Sie? Dauer der Zusammenarbeit, Rollen
- Verantwortungsbereich, Aufgaben und Leistungen – Aussagen zu Ihren Hauptaufgaben, Führungsbereich, Projekten
- Persönlichkeit, Verhalten, Stärken und Schwächen
- Grund des Ausscheidens (beim aktuellen Arbeitgeber) – Kündigungsründe, Bestätigung Ihrer Trennungsstory

dere dann, wenn es bei der Trennung von Ihrem letzten Arbeitgeber nicht ganz harmonisch zuging. Auch hier geht es darum, dass Sie selbst so gut wie möglich steuern, wer wem was über Sie erzählt.

Auswahl der Referenzpersonen

Bevor Sie überhaupt Bewerbungsgespräche und Interviews führen, sollten Sie Ihre Referenzpersonen ausgewählt und angefragt haben. Je nach Anzahl Ihrer früheren Arbeitgeber und Ihrer jeweiligen Beschäftigungsdauer sollten Sie bis zu drei Referenzgeber benennen können. In der Regel sind das ehemalige Vorgesetzte, insbesondere Ihre letzte Chefin, manchmal auch der Leiter der Personalabteilung.

Einige Unternehmen verlangen zusätzlich die Namen von ein, zwei Kollegen oder Geschäftspartnern, mit denen Sie zusammengearbeitet haben. Seltener werden auch Referenzen von Mitarbeitenden oder von Personen aus Ihrem sozialen Umfeld erbeten. Die geschickte Auswahl und geeignete Vorbereitung dieser Referenzpersonen kann zu einem späteren Zeitpunkt entscheidend sein, dass Ihre Vertragsverhandlungen zu einem erfolgreichen Abschluss kommen.

TIPPS *Ihre Referenzgeber sollten es gut mit Ihnen meinen. Sie sollten Ihre Leistungen und Erfolge kennen und diese ins richtige Licht rücken können. Achten Sie bei der Auswahl also darauf, dass Ihre Referenzpersonen die Referenzauskunft als Werbung für Sie sehen. Dies natürlich, ohne die Unwahrheit zu sagen!*

Holen Sie das grundlegende Einverständnis Ihrer Referenzpersonen ein. Falls jemand zögernd oder ausweichend reagiert, überlegen Sie, ob es eine Alternative gibt.

Bereiten Sie Ihre Referenzpersonen so vor, dass diese in der Lage sind, Ihre Leistungen und Stärken, aber auch Ihre Schwächen ausgewogen, fair und objektiv darzustellen. Achten Sie darauf, dass sich die Beurteilung nicht nur auf die letzten Monate bezieht, sondern auch die Beiträge, die Sie über viele Jahre geliefert haben, berücksichtigt.

Geschickter Umgang mit Referenzen

Ihre Referenzpersonen sollten Sie nicht schon in Ihrer Bewerbung nennen. In der Regel werden Sie frühestens am Ende des ersten, oft auch erst im zweiten Bewerbungsgespräch danach gefragt. Auch dann sollten Sie keine vorbereitete Liste aus der Tasche ziehen. Denn es reicht nicht, dass Sie eine Referenzperson im Vorfeld mal darum gebeten haben, über Sie Auskunft zu geben.

Es ist wichtig, dass sich Ihre Referenzgeber nicht nur allgemein positiv über Sie äussern, sondern dass sie die richtigen Stichworte im Sinn Ihrer Geschichte fallen lassen. Gerade am Schluss eines Bewerbungsverfahrens ist es nötig, allfällige noch existierende Zweifel beim potenziellen Arbeitgeber auszuräumen. Ein Beispiel: Sie sollen eine Verkaufsregion führen, Ihre künftige Arbeitgeberin ist persönlich und fachlich sehr von Ihnen angetan, hat aber Zweifel, ob Sie flexibel genug sind für den relativ hohen Anteil an Reisetätigkeit. Ein guter Referenzgeber kann eine solche Situation in einem Nebensatz klären. Aber nur, wenn Sie das Fragezeichen im Vorfeld erkennen und ihn richtig vorbereiten.

TIPP *Wenn ein Bewerbungsverfahren so weit gediehen ist, dass der Arbeitgeber Referenzen einholen will, informieren Sie Ihre Referenzpersonen genau darüber, wer anrufen wird (Rolle, Bedeutung im Unternehmen), um welches Unternehmen und welche Position es sich handelt, sowie über die «innere» Logik Ihrer Bewerbung.*

Sich selbst vermarkten

Wie einleitend gesagt: Auf dem Arbeitsmarkt sind Sie einerseits das Produkt, anderseits der Verkäufer dieses Produkts. Mit der Überarbeitung Ihrer Bewerbungsunterlagen, mit Ihrer Sichtbarkeit im Internet und mit der Vorbereitung Ihrer Referenzen haben Sie Ihr Produkt ins richtige Licht gerückt. In diesem Abschnitt geht es nun darum, wie Sie dieses Produkt verkaufen. Dazu müssen Sie persönlich in Erscheinung treten. Jobsuche können Sie nicht versteckt hinter Ihrem Bildschirm vorantreiben.

Jeder und jede von uns präsentiert sich täglich selbst. Teilweise bewusst, teilweise unbewusst. Die Art und Weise, wie Sie morgens Grüezi sagen, jemanden um einen Gefallen bitten oder sich an einer Sitzung verhalten – das sind alles Gelegenheiten für eine Selbstpräsentation. Diese Tatsache kann man nutzen, indem man den persönlichen Auftritt professionalisiert. Wichtig ist aber, dass dies nicht gekünstelt oder aufgesetzt wirkt, sondern dass Sie immer authentisch bleiben. Daher ist Selbstmarketing auch sehr individuell und kann nicht für alle gleich sein.

Selbstmarketingspots formulieren

Als Vorbereitung sollten Sie kurze Ich-Präsentationen, sogenannte Selbstmarketingspots, erarbeiten. Solche Spots müssen kurz und knapp sein. Denn die durchschnittliche Zeitspanne, in der Menschen Informationen aufnehmen können, liegt bei gut einer Minute. In dieser Minute müssen Sie alle wichtigen Informationen über Ihre Erfahrungen und Zielvorstellungen, die Sie einem Gegenüber vermitteln wollen, auf den Punkt bringen. Denken Sie daran, dass ein Mensch in dieser Zeit lediglich fünf bis sieben Botschaften verarbeiten kann. Überlegen Sie sich genau, welche Botschaften Sie mitteilen wollen.

Ihr Selbstmarketingspot sollte massgeschneidert auf die konkrete Situation sein. Der Inhalt ist abhängig von Ihrer beruflichen Zielsetzung, von den Beweggründen für Ihre berufliche Veränderung, vom Gesprächspartner sowie vom Ziel des Gesprächs. Das bedeutet, dass Sie für jedes Gespräch einen individuellen Spot anfertigen müssen.

TIPP *Entscheidend bei der Entwicklung eines Spots ist, dass Sie sich in Ihre Zuhörer hineinversetzen. Sie können sich gut an Ihrer Trennungsstory, Ihren STARS, Ihrem Lebenslauf und Ihrer* *beruflichen Zielsetzung orientieren (siehe Seite 81 und 118). Diese Bestandteile sollten in Ihren Selbstmarketingspots vorkommen.*

Anlässe für Ihre Spots

Ihre Spots werden Sie bei ganz unterschiedlichen Gelegenheiten einsetzen können, ein paar Beispiele:

- Kontaktnetzgespräche
- Bewerbungsgespräche
- Vorstellungsrunden
- Telefonate
- Vorstellung am neuen Arbeitsplatz
- Gesellschaftliche Anlässe

Ihr Selbstmarketing muss dem jeweiligen Anlass angepasst sein. Wenn Sie in einem Telefonat kurz Ihre Passung auf eine ausgeschriebene Stelle zeigen wollen, werden Sie nicht mehr als 30 Sekunden haben, um über sich zu sprechen. Wenn Sie dagegen in einem Vorstellungsgespräch aufgefordert werden, mehr über sich zu erzählen, haben Sie länger Gelegenheit, Ihre beruflichen Leistungen und Ihre Entwicklung ins richtige Licht zu rücken. Allerdings ist es auch dann ratsam, nicht länger als zwei, drei Minuten zu sprechen und sich danach durch Rückfragen des Interesses des Gegenübers zu versichern. Ein paar Beispiele:

ICH BIN MASCHINENINGENIEUR, arbeite bei der Firma X und bin zuständig für den Bereich Infrastruktur Unterhalt in der Schweiz. Ich bin hier verantwortlich für 230 Mitarbeitende und ein Umsatzvolumen von 67 Millionen Schweizer Franken. Meine Rolle in der Schweiz fällt weg und wird neu in Paris angegliedert. Ich aber möchte hier bleiben und strebe eine vergleichbare Position an.

ICH BIN SEIT 25 JAHREN Q-MANAGER in der Elektro- und Maschinenbranche. Meine Schwerpunkte liegen im Bereich Leiterplatten- und Baugruppenfertigung inklusive Herstellung von Dickschicht-Hybridmodulen. Ich möchte mit Ihnen abklären, was Sie als Q-Leiter einer grossen Firma jemandem mit meinem Profil empfehlen würden.

ICH BIN WIRTSCHAFTSINFORMATIKERIN und habe mich in den letzten neun Jahren in Coaching und Training weitergebildet. Mein Berufsweg hat mich von der Bank in die IT-Programmierung und

-Projektleitung und zuletzt in die Personalentwicklung geführt. Jetzt möchte ich den Schritt in die Beratung machen. Wie beurteilen Sie meine Option für einen solchen Karriereschritt?

Sie können Ihre Spots im Detail erst dann entwickeln, wenn Sie aktiv auf dem Arbeitsmarkt sind und Gespräche führen. Sie sollen ja massgeschneidert für die konkrete Situation sein. Als Basis können Sie aber schon vorher einen Spot entwickeln, der eine Kurzvorstellung ihrer Person, Ihre berufliche Zielsetzung und die Gründe für Ihre aktuelle Situation enthält. Und vor allem können Sie an diesem Beispiel praktisch üben!

TO DO: MEIN ERSTER VERKAUFSSPOT

Nehmen Sie eine realistische Gesprächssituation an und schreiben Sie einen darauf bezogenen kurzen Text, mit dem Sie sich vorstellen, Ihre Situation erläutern und das Anliegen vorbringen, weshalb das Gespräch geführt wird. Dann sprechen Sie den Text laut, als ob Sie mit jemandem telefonieren würden. Nehmen Sie sich auf, zum Beispiel mit dem Mobiltelefon. Stoppen Sie die Zeit und überarbeiten Sie den Text so lange, bis Sie in der nötigen Kürze alle Kernbotschaften vermitteln können. Üben, verbessern, verdichten Sie Ihren Text, bis Sie ihn gut und glaubwürdig vorbringen können. Aber Achtung: Lernen Sie ihn nicht auswendig. Sonst besteht die Gefahr, dass Sie ihn im entscheidenden Moment bloss noch herunterleiern.

Gut auftreten

Zum Thema «persönlicher Auftritt» gibt eine grosse Anzahl von Büchern und Trainings, die darauf abzielen, Kandidaten und Bewerberinnen von der Sprache bis zum Outfit zu «optimieren». Aber machen wir uns nichts vor: Den meisten Menschen fällt es schwer, etwas zu verkaufen, und am schwersten tun sie sich damit, sich selbst zu verkaufen. Versuchen Sie, ein bisschen spielerisch an solche Auftritte bei möglichen Arbeitgebern heranzugehen, ohne dabei ihre ganze Persönlichkeit zu verleugnen.

Wichtig ist der erste Eindruck. Ihr Gegenüber macht sich binnen weniger Sekunden ein erstes Bild von Ihnen. Es lohnt sich also, sich in einer Neuorientierungsphase ganz allgemein mit dem eigenen Auftritt zu beschäftigen. Erzeugt dieser Auftritt – Körpersprache, Outfit, Frisur – den Eindruck, den Sie erzeugen wollen? Wenn ja, dann bleiben Sie dabei.

Oft stellt sich aber heraus, dass bestimmte Äusserlichkeiten und Verhaltensweisen auf langjährige Gewohnheit zurückzuführen sind und gar nicht die erwünschte Wirkung haben. Dann lohnt es sich, korrigierend einzugreifen – ohne gleich die gesamte Persönlichkeit verändern zu wollen. Ein einfaches Training vor einer Videokamera – meist reicht auch schon eine Handyaufnahme – zeigt Ihnen in kürzester Zeit einen störenden Tick oder eine verspannte Haltung, die Sie im Ernstfall kontrollieren können.

Auch das Thema Frisur und Kleidung sollte Sie in einer Neuorientierung kurz überdenken. Vielleicht hatten Sie in den letzten Jahren oder Jahrzehnten schlicht Wichtigeres zu tun, als sich mit Modetrends auseinanderzusetzen, oder Sie sind einfach nicht der Typ dazu. Doch aus einem komplett veralteten Outfit wird nur selten der Schluss gezogen, dass Sie ein liebenswürdiger Mensch mit tieferen Werten seien. Im schlechteren Fall wird interpretiert, dass Sie mental und intellektuell in der Epoche Ihrer Kleider oder Frisur stehen geblieben sind.

TIPP *Holen Sie sich zu Ihrem Auftritt Feedback, etwa von Ihrem Partner, Ihrer Partnerin, Ihren Kindern, Freundinnen und Kollegen. Und was das Outfit betrifft, so finden Sie in jedem Fachgeschäft Menschen, die sich beruflich mit Mode auseinandersetzen und Sie noch so gern beraten.*

Mary Herzog

Global HR Business Partner, Bühler Group

Was raten Sie Menschen über 50, die sich auf dem Arbeitsmarkt neu bewähren müssen?

Menschen in diesem Alter verfügen oft über reichhaltige Erfahrungen und Kompetenzen. Die gilt es herauszustellen, um den persönlichen Mehrwert aufzuzeigen. Unbedingt sollten sie auch ihr Netzwerk aktivieren. Wenn der Prozess dann trotzdem länger dauert: nicht verzagen. Manchmal braucht es mehrere Anläufe – übrigens auch für Jüngere.

Wie können Berufstätige mit 50 plus ihre Fähigkeiten aktuell halten?

Indem sie in regem Austausch mit den jüngeren Kollegen bleiben und eng mit ihnen zusammenarbeiten. Sie können ihr Wissen einbringen und neue Arbeitsweisen abschauen. So bleiben sie automatisch jung im Job. Zudem gilt es, sich mit Weiterbildung auf dem neusten Wissensstand zu halten. Dafür gibt es heute jede Menge Angebote, auch online. Wichtig auch: sich fit halten – körperlich wie mental.

Welche Stärken bringen ältere Mitarbeitende in eine Belegschaft ein?

Als Technologiekonzern ist Bühler Know-how-getrieben. Wir haben für Schüsselpositionen soeben einige Mitarbeiter im Alter 50 plus eingestellt, die ein gewachsenes Kundenverständnis und breite Erfahrung mitbringen. In unserem Geschäft sind die Projekte komplex, dauern oft Jahre. Da ist es gut, wenn die Verantwortlichen in kritischen Situationen gelassen bleiben und auch schon aus eigenen Fehlern gelernt haben. Ein weiterer Vorteil: Diese Altersgruppe ist wieder sehr flexibel, weil die Kinder meist aus dem Haus sind. Und die Älteren sind oft motiviert, weil sie diese Station als Schlusspunkt ihrer Karriere begreifen. Da wollen sie nochmals alles geben für einen krönenden Abschluss ihres Berufslebens.

So managen Sie Ihre Bewerbungskampagne

Die Art und Weise, wie Sie Ihre berufliche Neuorientierung managen, ist zugleich auch eine für Ihre Ansprechpartner sichtbare «Arbeitsprobe». Deshalb sollten Sie es ähnlich angehen wie eine andere Arbeit: geplant, strukturiert und dokumentiert.

Wie bei anderen Projekten empfiehlt es sich, bei der beruflichen Neuorientierung einige Grundsätze der Planung, Fortschrittskontrolle und Dokumentation zu beherzigen. So stellen Sie sicher, dass Ihnen das Projekt nicht entgleitet, und Sie es in nützlicher Frist abschliessen.

Zeitplanung

Erstellen Sie jeweils am Anfang einer Woche einen Wochenplan mit Ihren Aktivitäten. Berücksichtigen Sie dabei die Drittel-Regel (siehe Seite 44). Sie planen also einerseits Ihre Aktivitäten im Netzwerk (Wen treffe ich? Wen spreche ich an?) und Ihre Bewerbungsaktivitäten (Welche Interviews führe ich? Wo bewerbe ich mich?). Anderseits reservieren Sie aber auch Zeit für Recherche und Lektüre sowie für Erholung und Familie.

Erstellen Sie eine Tagesliste mit Ihren Aufgaben und setzen Sie dabei Prioritäten. Unerledigte Punkte übertragen Sie am Ende des Tages auf die Liste für den nächsten. Am Ende jeder Woche vergleichen Sie Ihre Ziele und Erwartungen mit dem Erreichten. Bewerten Sie dazu jeden Tag. Was haben Sie erreicht, was nicht? So erarbeiten Sie sich eine Struktur, mit der Sie umgehen können. Analysieren Sie, worauf Sie die meiste Zeit verwendet haben und wie Sie diese zielorientierter einsetzen könnten.

Ferien

Planen Sie auch Ferien ein. Stellensuche ist ein Fulltime-Job und Sie brauchen Ferien wie jeder andere Berufstätige. Direkt nach dem Stellenverlust ist jedoch kein guter Zeitpunkt, weil Sie dann den Stress und die Kränkung aus der Kündigung mit in den Urlaub nehmen und meist noch keine klare Perspektive vorhanden ist. Wenn Sie aber die erste Phase der Neuorientierung abgeschlossen haben, wieder zur Ruhe gekommen sind und wissen, was Sie wollen, dann können und sollen Sie Ferien machen – am besten beziehen Sie Ihre Restferien in der Kündigungsfrist am bisherigen Ort. Das hilft Ihnen auch, sich emotional vom alten Arbeitgeber zu lösen und ausgeruht an der neuen Stelle zu beginnen.

ACHTUNG *Falls Sie Leistungen der Arbeitslosenversicherung beziehen, dürfen Sie erst nach 60 Tagen Stempelzeit eine Woche Ferien machen!*

Dokumentation Ihrer Aktivitäten

Machen Sie sich von Anfang an genaue und vollständige Aufzeichnungen zu Ihrer Sucharbeit. Das ist eine wesentliche Hilfe, um die Suche zu strukturieren und im Griff zu behalten. Schreiben Sie Ihre Notizen möglichst zeitnah auf, da Ihre Eindrücke dann noch am frischesten sind.

Korrespondenz

Dokumentieren Sie Ihren gesamten Schriftverkehr, also alle Marketingbriefe, Dankesbriefe, Bewerbungsschreiben auf Stelleninserate etc. Zu dieser Dokumentation gehören Name, Adresse, Telefonnummer und Datum. Auch sollten Sie alle Nachfassdaten notieren, an denen Sie dem Brief ein Telefonat oder eine E-Mail folgen lassen. Machen Sie Kopien Ihrer Briefe und Beilagen und bewahren Sie die schriftlichen Antworten auf.

Am besten legen Sie einen – physischen oder elektronischen – Ordner an und eröffnen für jede Firma, bei der Sie sich bewerben oder mit der Sie Kontakt haben, ein Unterverzeichnis mit sämtlichen Informationen aus Ihrer Recherche sowie der gesamten Korrespondenz. Damit Sie Ihre Aktivitäten verfolgen können, erstellen Sie eine Word- oder Excel-Tabelle.

TIPP *Laden Sie auf www.treffpunkt-arbeit.ch (→ Formulare) das Formular «Nachweis der persönlichen Arbeitsbemühungen» herunter. Darin können Sie Ihre Aktivitäten dokumentieren und erfüllen gleichzeitig die Nachweisverpflichtung gegenüber dem RAV.*

Vorstellungsgespräch
Protokollieren Sie alle Informationen, die Sie in Gesprächen mit potenziellen Arbeitgebern erhalten. Das können Informationen sein zu Ihrem zukünftigen Arbeitsplatz, zu Namen und Titeln der Entscheidungsträger und Gesprächsteilnehmer, zur Organisationsstruktur des Unternehmens, zu Firmenstandorten, Produkten, Dienstleistungen und Geschäftsbereichen, Vergütungen …

Stelleninserate
Wenn Sie auf ein Stelleninserat eine Bewerbung verschicken, sollten Sie alles dazu ablegen: das Stelleninserat – mit Vermerk des Erscheinungsdatums und der Zeitung oder der Website –, Ihre Bewerbung, die Notizen, die Sie sich während Ihrer Recherchen zur Stelle und zum Unternehmen gemacht haben, und Ihre Notizen während der Telefonate mit Vertretern des Unternehmens.

Wenn Ihre Suche ins Stocken gerät

Vielleicht kommen Sie während ihrer Suchkampagne an einen Punkt, an dem der gesamte Vorgang ins Stocken gerät. Obwohl Sie alles gemacht haben – Ziele definiert, Hilfe gesucht und den Aktionsplan eingehalten –, kann es zu einem Durchhänger kommen.

Oft wird die erste Phase der Stellensuche als einfacher empfunden, als ursprünglich erwartet. Wenn sich dann aber die ersten Chancen in Nichts auflösen, Absagen eintreffen und die erste Liste mit Kontaktpartnern ausgeschöpft ist, beginnt der schwierigere Teil. Genau wie der Marathonläufer das letzte Drittel oft als ein «Rennen gegen die Wand» empfindet, verlieren Sie dann vielleicht den Mut und den Schwung. Doch gerade dieser Schwung hat Sie ursprünglich angetrieben, Ihre Stellensuche tatkräftig selber in die Hand zu nehmen. Sie sollten jetzt nicht den Fehler begehen, Ihren gesamten Aktionsplan über Bord zu werfen, nur weil das Erreichen eines Teilziels länger dauert, als Sie erwartet haben.

Wenn sich eine solche Flaute über mehrere Wochen hinziehen sollte, überdenken Sie Ihre Strategien und Aktivitäten.

- Seien Sie **realistisch:** Eine Stellensuche dauert um die sechs Monate; manchmal geht es schneller, manchmal dauert es aber auch länger.

- Konzentrieren Sie sich auf die **Fakten.** Wenn die Stellensuche sich als doch nicht so leicht entpuppt, wie sie am Anfang erschien, nehmen Sie sich die Zeit, in Ruhe zu analysieren, was funktioniert hat und was nicht. Nehmen Sie immer wieder Abstand (Kurzurlaub), um den Kopf frei zu bekommen und den Blick wieder auf das Wesentliche zu lenken.
- Nehmen Sie **Feedback** und Beratung an. Manche Stellensuchende ziehen sich mit zunehmender Frustration immer mehr aus ihrem Freundes-, Bekannten- und Familienkreis zurück. Die meisten Menschen in Ihrem Umfeld wollen aber helfen. Sie müssen nur wissen, wie sie helfen können – und das müssen Sie ihnen sagen.
- Sie haben Ihre Arbeitssuche damit begonnen, Ihre bisherigen Erfahrungen zu bewerten und Ihre Fähigkeiten, Interessen und Werte einzuordnen. Aus dieser Analyse haben Sie einen persönlichen **Marketingplan** mit Zielvorstellungen erarbeitet. Halten Sie jetzt daran fest! Aber passen Sie ihn aufgrund der neu gesammelten Erfahrungen an.
- Halten Sie an der **Routine** regelmässiger Arbeitszeiten und ganzer Arbeitswochen fest. Setzen Sie Ihre Wochenpläne um, führen Sie zeitnahe Aufzeichnungen über alle Ihre Aktivitäten und Ergebnisse und bewerten Sie die erreichten Fortschritte in regelmässigen Abständen.
- Die intensive Arbeit im **Netzwerk** ist und bleibt die wichtigste Aufgabe, um eine neue Stelle zu finden. Nehmen Sie sich deshalb ausreichend Zeit für die Treffen mit Kontaktpartnern, und suchen Sie deren Feedback zu Ihrer Strategie und Ihren Aktivitäten.
- Planen und nutzen Sie Zeiten für **Erholung** und Fitness.
- Betrachten Sie Ihre Situation realistisch, aber versuchen Sie eine **positive Grundhaltung** gegenüber Ihrer Zukunft einzunehmen. Es gilt, sowohl den Überschwang im Zaum zu halten als auch die Tatsachen nicht zu verleugnen, ein nicht immer ganz einfacher Drahtseilakt. Sprechen Sie mit Kollegen, die bei der beruflichen Neuorientierung ebenfalls etwas mehr Zeit benötigt haben. Sie werden vieles hören, was Ihnen auch bekannt ist: Auch die anderen durchliefen ein Tief, betrachteten die Gesamtsituation, suchten Hilfe und fanden den nächsten Schritt.

Ihr Aktionspegel ist ein klares Signal dafür, dass Sie Ihrem Ziel näher kommen. Bleiben Sie daher weiterhin so strukturiert, konzentriert und aktiv wie bisher, und Sie werden sehen, dass Ihre Kampagne von Erfolg gekrönt sein wird.

5

Gut unterwegs auf dem Arbeitsmarkt

In diesem Kapitel führt die Reise auf den Arbeitsmarkt. Alle Arbeiten, die Sie im Hintergrund erledigen konnten, sind abgeschlossen – jetzt müssen Sie hinter Ihrem Bildschirm hervorkommen und mit der aktiven Stellensuche beginnen.

Definieren Sie «Ihren» Arbeitsmarkt

«Der Arbeitsmarkt» ist genauso inexistent wie «der Bewerbungsbrief». Es gibt aber *Ihren* Arbeitsmarkt, und den werden Sie jetzt für sich festlegen und kennenlernen.

Ihr persönlicher Arbeitsmarkt ergibt sich aus Ihrem Ziel bzw. Ihren verschiedenen Zieloptionen. Wenn Ihr Ziel SMART ist (siehe Seite 123), können Sie jetzt definieren, in welchen Branchen, Unternehmen, Funktionen Sie es konkret umsetzen wollen. «Etwas Interessantes» kann man nicht suchen, allenfalls (per Zufall) finden. «Einen Job als Exportsachbearbeiter in einer mittelgrossen MEM-Firma (Maschinen, Elektro, Metallindustrie)», den können Sie gezielt recherchieren. Wie in jedem Verkaufsprozess gibt es einige Fragen, die Sie immer im Auge behalten sollten: Wer ist mein Kunde? Welchen Nutzen generiere ich für ihn? Was unterscheidet mein Produkt von anderen? Wer ist meine Konkurrenz?

Stellensuche im 21. Jahrhundert

Womöglich haben Sie noch nie wirklich eine Stelle suchen müssen, sondern sind direkt nach der Ausbildung in ein Unternehmen «hineingerutscht» und dann dort sehr lange geblieben. Oder Sie wurden später einmal über einen Bekannten für eine andere Firma angefragt und abgeworben. Oder es ist irgendwann ein Personalvermittler auf Sie zugekommen. Oder als Sie suchten, herrschte gerade Arbeitskräftemangel, sodass ein Anruf genügte, um eine neue Stelle zu finden.

Auch wenn wir in der Schweiz immer noch einen intakten Arbeitsmarkt haben: Diese Zeiten sind vorbei! Sie werden auf dem aktuellen Arbeitsmarkt schnell merken: Sie müssen selber aktiv werden und dabei eine in hohem Mass unternehmerische Einstellung an den Tag legen. Die oben formulierten Fragen helfen Ihnen zu überlegen, wo Sie Ihre Fähigkeiten am ehesten einbringen und einen Beitrag leisten können. Dagegen werden

Sie es mit der Haltung «Ich bin Buchhalterin, aber im Moment erscheint leider kein passendes Inserat» aktuell sehr schwer haben.

Wen suchen die Unternehmen?

Die Erwartung der Firmen an die Grundeinstellung ihrer Mitarbeitenden hat sich deutlich verändert. Wurde man früher für eine fest umrissene Aufgabe eingestellt und erledigte diese nach vorgegebenen Richtlinien, wird heute erwartet, dass Mitarbeitende nicht nur mitarbeiten, sondern auch mitdenken. Sie sollen Ideen und Verbesserungsvorschläge einbringen und unternehmerisch agieren.

VERÄNDERUNGEN IM ARBEITSMARKT

Früher gefragt	Heute gesucht
Arbeitnehmermentalität	Unternehmermentalität
Arbeitnehmer-Arbeitgeber-Beziehung	Lieferanten-Kunden-Beziehung
Vorhandene Arbeit erledigen	Beitrag zum Unternehmenserfolg leisten
Hartes Arbeiten ungeachtet der Ergebnisse	Direkte Beeinflussung von Ziel, Richtung, Umsatz und Gewinn

Offener und verdeckter Stellenmarkt

Es gibt einen offenen und einen verdeckten Stellenmarkt. Der offene umfasst alle Stellen, die öffentlich ausgeschrieben sind, der verdeckte jene, die nie ausgeschrieben werden. Sie können davon ausgehen, dass maximal 35 Prozent aller Stellen jemals ausgeschrieben werden. Der Stellenmarkt wird oft mit einem Eisberg verglichen, der verdeckte Stellenmarkt entspricht dem viel grösseren, unsichtbaren Teil unter Wasser.

Offener Stellenmarkt: nur gezielte Bewerbungen

Zum offenen Stellenmarkt gehören alle Inserate in Printmedien, auf den Websites der Unternehmen, aber auch in Jobbörsen im Internet oder bei

Personalberatern. Es gibt zwei Gründe, warum der offene Stellenmarkt jetzt für Sie nicht die oberste Priorität haben sollte:

1. Sie suchen nicht irgendetwas, sondern einen Job, der möglichst nahe an Ihrem SMART-Ziel ist. Die Chance, dass gerade jetzt ein Unternehmen eine genau diesem Ziel entsprechende Stelle inseriert, ist eher klein. Darauf zu warten, wäre also höchst unklug.
2. Da ausgeschriebene Stellen für sämtliche Interessenten sichtbar sind, sind Sie auf dem offenen Stellenmarkt einer viel grösseren Konkurrenz ausgesetzt. Sehr viele Kandidaten bewerben sich aus den unterschiedlichsten Gründen: Stellensuchende, die meinen, dem Profil zu entsprechen. Dazu Arbeitnehmer, die eine Stelle haben, aber sich eventuell verbessern oder ihren Marktwert testen wollen. Und es bewerben sich auch Personen, die überhaupt nicht infrage kommen, es aber trotzdem probieren – weil sie hoffen, dass sich sonst niemand bewirbt, oder auch nur, weil sie beim RAV ihre Bemühungen nachweisen müssen. Die Chance, in der Flut der Bewerbungen zu bestehen, ist gering, besonders wenn Sie im einen oder anderen Punkt nicht ganz dem gewünschten Profil entsprechen. So werden zum Beispiel in vielen Inseraten Altersangaben gemacht, die oft nicht wirklich durchdacht sind. Trotzdem wird die Personalverantwortliche sich nicht die Mühe machen, die Bewerbungen von über 50-Jährigen genauer zu prüfen, wenn sich 40 Kandidaten in der gewünschten Alterskategorie gemeldet haben.

Das bedeutet nicht, dass eine Bewerbung auf dem offenen Stellenmarkt grundsätzlich sinnlos ist. Bewerben Sie sich aber nur auf Stellen, deren Profil Sie weitgehend erfüllen. Personalchefs und Rekrutiererinnen in Beratungsfirmen klagen einhellig darüber, dass maximal 20 Prozent der Bewerbungen die Anforderungen in den Inseraten erfüllen. Wenn Sie den Anforderungen also genau entsprechen, schliessen Sie bereits 80 Prozent der Konkurrenten aus.

ACHTUNG *Es ist es verführerisch, sich vor allem auf Stellen im offenen Stellenmarkt zu bewerben. Sie können Ihr Profil bei verschiedenen Jobbörsen hinterlegen – und schon erhalten Sie alle Jobinserate, die auch nur annähernd passen. Auf diese Weise können Sie massenweise Bewerbungen generieren und dabei das angenehme Gefühl entwickeln, sehr aktiv zu sein. Doch diese Strategie führt* *selten zum Erfolg und ist unprofessionell. Durch das inflationäre Herumreichen Ihrer Bewerbungsunterlagen zerstören Sie Ihren Arbeitsmarkt, weil Ihr Dossier schon auf jedem Pult liegt.*

Ihre Chance: der verdeckte Stellenmarkt

Suchen Sie nicht dort, wo alle suchen. Heben Sie sich von den Mitbewerbern ab, indem Sie gezielt den verdeckten Stellenmarkt bearbeiten. Wenn Sie diesen erobern, ist Ihre Erfolgsquote ungleich höher. Zudem machen Sie sich frei vom passiven Warten auf das richtige Inserat und bleiben im Fahrersitz.

Was aber ist der verdeckte Stellenmarkt? Darunter versteht man alle offenen Stellen, die nicht oder noch nicht ausgeschrieben werden. Dafür gibt es verschiedene Gründe:

- Das Unternehmen möchte nicht öffentlich rekrutieren, weil dadurch eine strategische Ausrichtung erkennbar wird, die noch vertraulich ist (zum Beispiel die Erschliessung eines neuen Marktes, die Einführung eines neuen IT-Systems).
- Das Unternehmen sucht verdeckt einen Nachfolger für eine noch besetzte Position.
- Ein Betrieb wächst und braucht mehr Personal. Die internen Entscheidungsprozesse sind aber noch nicht so weit abgeschlossen, dass inseriert werden kann.
- Aufgrund einer bevorstehenden Pensionierung wird eine Neubesetzung erforderlich, es hat aber noch niemand mit Rekrutieren begonnen.
- Stellen werden nur intern ausgeschrieben; durch einen Kontakt im Unternehmen erfahren Sie aber von einer geeigneten Vakanz.
- Eigentlich besteht in der Firma ein Einstellungsstopp, doch für eine interessante Kandidatin könnte eine Ausnahme gemacht werden.
- Ein Unternehmen kommt durch Ihre Person auf die Idee, eine Stelle für Sie zu schaffen.
- Es hat soeben ein Chefwechsel stattgefunden und der Aufbau eines neuen Teams beginnt.
- Ein Unternehmen expandiert in einen neuen Geschäftsbereich oder ein neues Land und kann daher neue Spezialisten gebrauchen.
- Ein Betrieb sucht schon sehr lange, hat aber einfach nicht die richtige Person gefunden.
- Es hat soeben jemand gekündigt und Sie sind «zufällig» zur Stelle.

Diese Liste ist nicht abschliessend; es gibt viele Situationen, in denen ein Unternehmen Leute einstellt, dies aber nicht oder noch nicht öffentlich ausschreibt. Solche Jobs bekommt, wer zur richtigen Zeit am richtigen Ort ist. Dies ist nicht Glücksache – oder höchstens zu einem kleinen Teil –, sondern davon abhängig, ob man über die relevanten Informationen verfügt, um im richtigen Augenblick zu erfahren, dass eine Position frei wird.

SIE SUCHEN MIT 55 JAHREN eine Tätigkeit als Alleinbuchhalter in einem KMU. Von einer Kollegin erfahren Sie, dass der Alleinbuchhalter einer interessanten Firma in sechs Monaten pensioniert wird. Bewerben Sie sich jetzt über den verdeckten Stellenmarkt, sind Sie mit Ihrer Erfahrung und Reife die naheliegende Lösung eines wichtigen Problems. Die Firma braucht demnächst einen Buchhalter, und Sie können in die Bresche springen.

Ganz anders die Situation, wenn Sie sich erst bewerben, wenn die Stelle ausgeschrieben ist. Dann müssen die Verantwortlichen der Firma sowieso Zeit und Geld investieren, um eine Nachfolge zu finden. Plötzlich steht nicht mehr die rasche Problemlösung im Vordergrund, sondern die perfekte. Das bedeutet, dass Sie im Wettbewerb mit vielen Kandidaten sind und das Unternehmen diejenige Person einstellen wird, die hinsichtlich Alter, Erfahrung, Ausbildung, Zusatzqualifikationen, Geschlecht etc. genau den Anforderungen entspricht. Der im Grunde gleiche Sachverhalt wird dann völlig anders beurteilt.

Was bringen Initiativbewerbungen?

Wenn Sie von einer möglichen Position im verdeckten Stellenmarkt erfahren, können Sie auf unterschiedliche Weise an das Unternehmen herantreten. Sie können das über Ihr Netzwerk tun – dazu erfahren Sie mehr ab Seite 170 – oder Sie können eine Initiativbewerbung schreiben. Ihre Initiativbewerbung muss zeigen, dass Sie sich mit dem Unternehmen auseinandergesetzt haben, über «Insiderwissen» verfügen und genau wissen, was Sie anstreben. Nur eine solche Initiativbewerbung hat eine reale Chance auf Erfolg. Allgemeine Anschreiben an Personalabteilungen, in denen Sie Ihr Profil darlegen und darum bitten, dass man doch für Sie einen Platz im Unternehmen findet, sollten Sie unterlassen. Das ist beliebig, unprofessionell und inflationär.

Zielfirmen definieren

Information ist die wichtigste Voraussetzung für den Erfolg auf dem verdeckten Stellenmarkt. Was bedeutet das für Ihre Suche? Der verdeckte Stellenmarkt ist gross, deshalb müssen Sie ihn zunächst einschränken. Sie können ja nicht die gesamte schweizerische Wirtschaft beobachten. Sie können aber, ausgehend von Ihrem definierten Ziel, die für Sie interessanten Firmen bestimmen.

Eine Zielfirmenliste erstellen

Ihre Zielfirmenliste enthält alle Unternehmen und Institutionen, die möglicherweise die für Sie richtigen Arbeitgeber sein könnten. Welche das konkret sind, hängt von Ihrem Ziel ab. Um eine solche Liste zu erstellen, nutzen Sie sinnvollerweise Ihre Branchenkenntnisse und listen in einem ersten Schritt Konkurrenzunternehmen, Lieferanten, Kunden auf. Vielleicht ist Ihre Branche sehr übersichtlich und eingeschränkt, sodass Sie den Suchradius ausweiten müssen. Dann können Sie verwandte Bereiche hinzunehmen – zum Beispiel statt nur Versicherungsunternehmen auch Maklerfirmen – sowie Branchen, die Ähnlichkeit mit der Ihrigen haben.

«Wer sucht, findet. Falls er am richtigen Ort gesucht hat.»

Walter Ludin, Schweizer Journalist und Aphoristiker

Input für Ihre Zielfirmenliste erhalten Sie aber auch über andere Kriterien: Wenn Sie zum Beispiel im technischen Verkauf in einer bestimmten Region tätig waren, kann eine gezielte Recherche nach Unternehmen, die in dieser Region Produkte von vergleichbarer Komplexität verkaufen, durchaus sinnvoll sein.

Und schliesslich ergänzen Sie Ihre Zielfirmenliste mit Unternehmen, für die Sie einfach gern arbeiten würden – zum Beispiel weil Sie das Image der Firma, die Produkte, die Marktstellung, die Firmenkultur attraktiv finden. Allerdings sollten Sie darauf achten, dass Ihre Liste nicht nur Unternehmen mit einem hohen Markenwert enthält. Viele Menschen würden gern für Coca Cola, Swatch oder den WWF arbeiten, entsprechend viele bewerben sich dort auch. Dasselbe gilt für die Top Ten der grössten und umsatzstärksten Firmen in der Schweiz: UBS, Zurich Insurance Group, Credit Suisse, Nestlé oder Novartis sind, auch bei Hochschulabsolventen, beliebte Arbeitgeber.

Entdecken Sie die KMU!

Der Grossteil aller Schweizer Arbeitnehmer, nämlich 66,6 Prozent, sind in kleinen oder mittleren Unternehmen (KMU) tätig, deren Namen Sie noch nie gehört haben. Und genau diese Firmen gilt es jetzt zu entdecken. Lediglich 0,4 Prozent der Schweizer Firmen sind Grossunternehmen mit mehr als 250 Mitarbeitenden (siehe Kasten). Die KMU bilden das Rückgrat der Schweizer Wirtschaft und umfassen Weltmarktführer in Nischen, die nur den wenigsten bekannt sind. Mit einer gezielten Suche können Sie diese Unternehmen ausfindig machen.

BEDEUTUNG DER KMU FÜR DIE SCHWEIZER WIRTSCHAFT

Grösse nach Anzahl Vollzeitstellen	Unternehmen		Beschäftigte	
	Anzahl	Prozent	Anzahl	Prozent
KMU (bis 249)	**311 707**	**99,6**	**2 327 802**	**66,6**
Mikro (bis 9)	272 346	87,1	869 206	24,9
Kleine (10–49)	33 183	10,6	760 780	21,8
Mittlere (50–249)	6 178	2,0	697 816	20,0
Grosse (250+)	**1 154**	**0,4**	**1 166 269**	**33,4**
Total	**312 861**	**100,0**	**3 494 071**	**100,0**

Quelle: Bundesamt für Statistik, 2013

Eine Bewerbungsstrategie, die KMU mit einschliesst, ist auch deshalb sinnvoll, weil diese Firmen oft ein grosses Interesse haben, gut ausgebildete, erfahrene Mitarbeitende ins Boot zu holen, deren Ausbildung sie sich selbst gar nicht hätten leisten können.

TIPP *Ihre Zielfirmenliste kann vor allem zu Beginn der Suche ruhig breit abgefasst sein, zumal sie sowieso nie abschliessend oder fertig ist. Im Verlauf der Suche werden Sie die Liste aufgrund der Informationen, die Sie erhalten, dauernd überarbeiten. Neue Unternehmen kommen hinzu, andere fallen weg. Die Zielfirmenliste ist Ihre Arbeitsgrundlage für die gezielte Recherche und für Ihr Networking.*

TO DO: MEINE ZIELFIRMEN

Erstellen Sie jetzt Ihre persönliche Zielfirmenliste. Am besten legen Sie eine Tabelle an, in der Sie neben dem Namen der Firmen auch potenzielle Ansprechpartner mit Kontaktdaten erfassen können. Ebenfalls sinnvoll ist es, eine Spalte für die Priorisierung der Unternehmen einzufügen. Ein Beispiel für eine Zielfirmenliste finden Sie unter www.beobachter.ch/download.

Ohne Recherche kein Erfolg

Nur mit den richtigen Informationen können Sie sich den entscheidenden Wettbewerbsvorteil auf dem verdeckten Stellenmarkt verschaffen. Der Weg dazu ist die gezielte Recherche.

Recherche bedeutet Arbeit – ohne geht es nicht. Doch wenn Sie die richtigen Hilfsmittel einsetzen und gezielt vorgehen, hält sich der Aufwand in Grenzen.

Hilfsmittel für die Recherche

Um möglichst schnell an Informationen zu kommen, brauchen Sie die richtigen Hilfsmittel. Hier ein Überblick über die wichtigsten Informationsquellen.

Berufsverbände

Es gibt in jeder Branche einen Berufsverband – oft auch mehrere – und die meisten publizieren Listen ihrer Mitglieder auf der Website. Da kann man sich schnell einen Überblick über die Unternehmen einer Branche verschaffen.

TIPP *Unter www.verbaende.ch finden Sie einen (nicht vollständigen) Überblick über die Verbandslandschaft in der Schweiz. Wichtige Berufsverbände sind:*
- *Swissmem, Verband der Maschinen-, Elektro-, Metallindustrie, www.swissmem.ch*
- *Schweizerischer Gewerbeverband, www.sgv-usam.ch*
- *Schweizerischer Versicherungsverband, www.svv.ch*
- *Schweizerische Bankiervereinigung, www.swissbanking.org*

Datenbanken

Es gibt viele unterschiedliche Datenbanken, die dabei helfen können, auch unbekannte Unternehmen zu ermitteln oder Zusatzinformationen über Firmen, Personen und Branchen zu generieren. Die folgende Liste ist also keinesfalls vollständig.

- Die **Kompass**-Datenbank (www.kompass.com) ist eine Business-to-Business-Datenbank. Das heisst, Sie können darin gezielt nach Unternehmen, Branchen, Produkten und Dienstleistungen suchen. Mit selbst gesetzten Filtern (Anzahl Mitarbeitende, Region etc.) können Sie die Suche einschränken und so annähernd genau Ihre Zielsetzung abbilden – zum Beispiel: alle Pharmaunternehmen mit mehr als 500 Mitarbeitern in der Region Zug. Die Kompass-Datenbank ist allerdings ein kommerzielles Angebot: Die Basisfunktionen sind gratis, für umfassende Recherchefunktionen müssen Sie eine Lizenz kaufen, die ca. 650 Franken kostet.
- **Zefix** ist die Online-Ausgabe des Schweizerischen Handelsregisters. Unter www.zefix.ch können Sie nach Firmen suchen und die öffentlich zugänglichen Daten abfragen. Interessant ist, wer bei einer Firma zeichnungsberechtigt ist, und Sie erfahren womöglich, wer erst kürzlich bei einer Firma ausgeschieden ist. Dies könnte eine Chance für Ihre Neuorientierung sein. Die Benutzung ist gratis.
- Die **Moneyhouse**-Datenbank (www.moneyhouse.ch) ist ebenfalls ein Abbild des Schweizerischen Handelsregisters. Die Seite wird von einem privaten Unternehmen angeboten und bildet eine Ergänzung zu Zefix. Nebst Firmendaten wie Neugründungen, Konkurse sind auch Jobs aufgelistet. Die Grundfunktionen sind gratis.
- **Swissdox** ist eine Medien- und Medienbeobachtungsdatenbank (www.swissdox.ch), die auch Nichtjournalisten zugänglich ist. Sie ist ein gutes

Hilfsmittel, um zur Berichterstattung über Unternehmen und Personen zu recherchieren.

- Auf dem **KMU-Suchportal** www.die-unternehmen.ch können Sie gezielt nach Branchen und Orten suchen.

Handelszeitung

Die Handelszeitung stellt jährlich Top-Listen mit Kennzahlen der grössten Schweizer Firmen zusammen. Solche Top-Listen umfassen zum Beispiel die umsatzstärksten Unternehmen der Schweiz oder alle Banken und Versicherungen. Sie sind als praktische Excel-Dateien erhältlich, in denen man zum Beispiel nach Branchencode selektionieren kann. Die Excel-Dateien sind aber relativ teuer, günstiger ist die Printversion ausgewählter Listen.

Soziale Netzwerke

Über **Xing** und **LinkedIn** können Sie gezielt Personen und Unternehmen suchen. Viele Unternehmen haben einen Auftritt auf diesen Plattformen, sodass Sie zum Beispiel Mitarbeiterlisten generieren können und dann sehen, wer allenfalls bereits zu Ihren direkten Kontakten gehört oder mit wem Sie einen gemeinsamen Kontakt teilen. Da Ihnen die Plattformen anzeigen, über wie viele und welche Kontakte Sie mit Ihrem Wunschansprechpartner verbunden sind, können Sie relativ einfach Kontakt herstellen und weitere Informationen über die Firma sammeln.

Auf **Kununu** (Swahili für «unbeschriebenes Blatt») bewerten Mitarbeitende ihren Arbeitgeber anonym im Netz. Kununu gehört mittlerweile zu Xing und umfasst Deutschland, Österreich und die Schweiz. Die Informationen sind mit Vorsicht zu geniessen, da es sich immer nur um Einzelmeinungen handelt. Dennoch bietet das Stöbern in Kununu einen gewissen Einblick in die Unternehmenskultur einer für Sie interessanten Firma.

YouTube ist neben Google die grösste Suchmaschine. Es lohnt sich, die gewünschte Firma (oder Person) auf YouTube zu suchen. Unternehmen präsentieren sich hier, Sie können sich ein Bild von Personen bei Vorträgen machen und anderes mehr. YouTube hat 800 Millionen Nutzer pro Monat!

Gezielt recherchieren

Sie werden in jeder Phase Ihrer Stellensuche gezielt recherchieren müssen. Denn nur so – und mit aktivem Networking – können Sie in den verschiedenen Bewerbungsphasen an die relevanten Informationen kommen. Hier die wichtigsten Recherche-Etappen:

- **Recherche zur Erstellung Ihrer Firmenliste**
  Im ersten Schritt erstellen Sie eine Firmenliste für Ihr Ziel bzw. mehrere Listen, für jede Zieloption eine. Darauf stehen die Unternehmen, die hinsichtlich Branche, Funktion, Produkte, Region zu Ihrem Hintergrund und Ihrer Erfahrung passen.
- **Recherche zur Überprüfung der Zielfirmenliste**
  Reduzieren Sie jetzt die ursprüngliche Anzahl von Firmen in Ihren Listen, indem Sie Antworten auf folgende Fragen suchen: Kann dieses Unternehmen mein ideales Arbeitsumfeld bieten? Ist es wahrscheinlich, dass das Unternehmen freie Stellen zu besetzen hat, beispielsweise aufgrund von Expansion, Branchenwachstum, grundlegenden Problemen, die ich mit meinen Fähigkeiten lösen könnte? Habe ich Kontakte zu oder sogar in Firmen, die mir helfen können, die Zielfirmenliste einzuschränken?
- **Recherche zur Vorbereitung eines Bewerbungsbriefs**
  Um in den Zielunternehmen diejenigen Arbeitsbereiche zu identifizieren, die zu Ihnen passen könnten, und Kontakt zu den Entscheidungsträgern aufzunehmen, müssen Sie weitere Recherchen anstellen: Finden Sie Arbeitsbereiche und Namen heraus und stellen Sie mittels Telefon, E-Mail und Networking Kontakt zu kompetenten Informations- oder Entscheidungsträgern her (mehr zum Bewerbungsbrief auf Seite 137).
- **Recherche zur Vorbereitung eines Jobinterviews**
  Wenn Sie später von einem Unternehmen zu einem Gespräch eingeladen werden, geht es darum, Details zu recherchieren. Mit diesem Wissen zeigen Sie im Gespräch, dass Sie sich wirklich mit der Stelle auseinandergesetzt haben. Bereiten Sie Fragen vor, die erkennen lassen, dass Sie über das Unternehmen informiert sind. Seien Sie darauf vorbereitet, Ihre Fähigkeiten und Kompetenzen darzustellen und den Bedürfnissen des Unternehmens zuzuordnen. Nutzen Sie das Internet. Lesen Sie Zeitungen, Zeitschriften, Finanzberichte, um über Unternehmen und Entscheidungsträger stets bestens informiert zu sein. Durchsuchen Sie

elektronische Datenbanken. Nutzen Sie Ihre Kontakte, um sich über die Unternehmenskultur, die Bedürfnisse und Arbeitsstile der Entscheidungsträger zu informieren und herauszufinden, wie es sich dort arbeiten lässt.

- **Recherche zur Vorbereitung auf ein Angebot**
  Spätestens wenn ein Angebot vorliegt, sollten Sie alle recherchierten Informationen zum betreffenden Unternehmen konsolidieren. Nehmen Sie Ihre Kriterien für das ideale Arbeitsumfeld hervor. Gibt es noch offene Punkte, denen Sie nachgehen müssen? Formulieren Sie Fragen zu Strategien, zu Plänen, zu dem, was Sie über Ihren potenziellen Vorgesetzten und Ihre Kollegen wissen müssen, sowie zu den Aufgabengebieten und den Erwartungen an Sie. Befragen Sie jetzige und frühere Angestellte sowie Kontaktpersonen, die das Unternehmen, den Vorgesetzten kennen.

Genug recherchiert!

Recherchieren Sie so lange, bis Sie das von Ihnen verfolgte Ziel sinnvoll angehen können. Sie sollten aber vor lauter Recherche nicht für immer von der Bildoberfläche verschwinden. Man kann auch unter «Analyse-Paralyse» leiden und das Recherchieren als eine Entschuldigung dafür nutzen, nicht zum Hörer zu greifen, um Kontakte mit anderen Menschen zu knüpfen oder sich um Vorstellungsgespräche zu bemühen.

Verfallen Sie auch nicht ins andere Extrem. Sie sollten das Definieren von Zielen und Recherchieren nicht als überflüssig abtun und ohne Nachforschungen mit hektischer Aktivität vorpreschen. Schlechte Vorbereitung ist nicht dasselbe wie Spontanität. Sie können es sich nicht erlauben, in ein Vorstellungsgespräch zu gehen und nicht wirklich zu wissen, was das Unternehmen macht.

Sorgen Sie für eine ausgewogene Balance zwischen Aktion und Recherche. Verzetteln Sie sich nicht mit dem Sammeln unnötiger Daten. Ihre anfängliche Recherche dient dazu, so viele Informationen zusammenzutragen, dass Sie aktiv werden, Kontakte entwickeln und mit dem Networking beginnen können (siehe Seite 170). Sparen Sie sich

«Als sie das Ziel aus den Augen verloren hatten, verdoppelten sie ihre Anstrengungen.»

Mark Twain, amerikanischer Schriftsteller

umfassenderes Recherchieren für den Zeitpunkt auf, wenn Sie eine potenzielle Stelle entdeckt haben, die Ihrem idealen Arbeitsumfeld entspricht. Vor einem Gespräch mit Vertretern der Zielfirma sollten Sie Informationen über Ihre Gesprächspartner im Unternehmen recherchieren (Namen, Hintergrund, Rolle), sie sollten die wichtigsten Kennzahlen des Unternehmens kennen und wissen, ob es in letzter Zeit Veränderungen unterworfen war (Restrukturierungen, Zusammenlegungen). Dann können Sie ein erstes Interview sinnvoll angehen.

TIPP *Nutzen Sie alle Möglichkeiten für die schnelle Beschaffung von Informationen. Setzen Sie sich beim Durchsuchen des Internets ein klares Ziel, zum Beispiel: Ich will wissen, wer im Unternehmen den Bereich «Compliance» verantwortet. Ich will herausfinden, welche Grundausbildung mein Gesprächspartner im bevorstehenden Netzwerkgespräch hat. So finden Sie Informationen und surfen nicht bloss herum.*

Katja Unkel

CEO, Managing People AG

Was raten Sie Menschen über 50, die sich auf dem Arbeitsmarkt neu bewähren müssen?
Sie sollten sich nicht «alt» fühlen. Alter beginnt im Kopf. Ich kenne Menschen, die sind mit 35 bereits «uralt», und andere, die sind mit 55 «blutjung». Den Arbeitssuchenden über 50 helfen Selbstbewusstheit, Offenheit und Neugierde, auch Toleranz. Gut ist etwas Robustheit, falls man auf «alte 35er» stösst, die meinen, mit 50 plus sei man out. Aber das Umdenken hat schon begonnen. Ausserdem rate ich, sich zu fragen, was man wirklich will vom Leben. Wie stelle ich mir die nächsten 20 bis 30 Jahre vor?

Wie können Berufstätige mit 50 plus ihre Fähigkeiten aktuell halten?
Als Erstes: nicht warten mit dem Lernen. Das ist eine lebenslange Aufgabe. Wissen veraltet heute schneller denn je; unser Umfeld und die Technologien verändern sich rasant. Deshalb bitte kein: «Dafür bin ich zu alt, das lerne ich nicht mehr.» Studien zeigen, dass Menschen über 50 noch genauso lernen können wie jüngere; sie sind nur aus der Übung. Dagegen hilft Training.

Welche Stärken bringen ältere Mitarbeitende in eine Belegschaft ein?
Qua Erfahrung können sie schnell(er) eine Lage richtig beurteilen und dann entscheiden. Auch haben sie meist mehr Gelassenheit, behalten in Krisenzeiten einen kühlen Kopf, kennen ihre Stärken und Schwächen besser. Weiterer Pluspunkt: das über die Jahre entstandene relevante Netzwerk. Das kann den Weg zu einer Lösung enorm beschleunigen – und davon profitiert das gesamte Unternehmen. Wir können und müssen alle von- und miteinander lernen! Um die heutige Komplexität zu bewältigen, braucht es Vielfalt, auch beim Alter.

Ihr Kontaktnetz

Netzwerken heisst Informationen sammeln, nicht um einen Job betteln. Ziel ist es, geschäftliche Kontakte aufzubauen, um dadurch Zugang zum verdeckten Stellenmarkt zu bekommen.

Recherchieren beschränkt sich nicht nur darauf, Zeit in der Bibliothek, im Internet oder mit dem Durchforsten von Datenbanken und Presseunterlagen zu verbringen. Sobald Sie eine vorläufige Liste möglicher Zielunternehmen erstellt haben (siehe Seite 161), wird Networking – das Ansprechen von Kontaktpersonen und Branchenexperten, um Informationen zu sammeln, Möglichkeiten zu lokalisieren und eine Kontaktnetzliste von potenziellen Gesprächspartnern zu erstellen – zu einem wichtigen Teil Ihrer Recherchen.

Jedes Warten darauf, dass die richtige Position «vorbeischwimmt», verurteilt Sie zu Passivität und Ohnmacht. Argumente, warum sich bei der Stellensuche nichts tut, lauten dann beispielsweise: «In meinem Bereich gibt es zurzeit so wenig Stellen», oder: «Jetzt am Jahresende geht niemand, alle warten auf die Bonusrunde Anfang Jahr», oder: «Jetzt ist Sommerpause, da geht gar nichts auf dem Stellenmarkt», und dergleichen mehr. Sobald Sie sich aber fürs Netzwerken entscheiden und auf dem verdeckten Stellenmarkt Informationen sammeln, sind Sie autonom. Sie können zu jeder Zeit an Ihrer Neuorientierung arbeiten, völlig unabhängig von irgendwelchen realen oder vorgeschobenen Entscheidungszyklen in Unternehmen oder Gesellschaft.

Was heisst Networking?

Networking ist ein inflationär verwendeter Begriff, auf den die meisten Menschen zunächst mit Ablehnung reagieren. «Ich mag nicht um einen Job betteln», oder: «Die wissen doch, dass ich etwas suche. Da könnten sie sich ja bei mir melden.» Die Barrieren, die es zu überwinden gilt, sind hoch. Dennoch ist Networking der mit Abstand vielversprechendste Weg, um eine neue Herausforderung zu finden. Insbesondere für ältere Berufstätige. Dies sagen auch die Unternehmen, die Outplacement anbieten: Mehr als die Hälfte ihrer Klienten finden die neue Stelle dank Netzwerkarbeit.

Doch was genau ist mit Networking gemeint? Es geht um das systematische Aufbauen und Pflegen eines Netzes von beruflichen und privaten Kontakten und Allianzen, das Sie während Ihres gesamten Berufslebens nutzen und zurate ziehen können. Es ist ein Geben und Nehmen und darf niemals einseitig dem eigenen Nutzen dienen. Networking heisst nicht, alle Leute, die man kennt, zu kontaktieren und um Stellen zu bitten. Es bedeutet vielmehr das gezielte Sammeln, aber auch Weitergeben von Informationen und sollte grundsätzlich in einem professionellen Rahmen stattfinden. Wenn man Networking professionell und als gegenseitig nutzbringend versteht, ist es auch nicht peinlich und unangenehm.

EIN SACHBEARBEITER, der vor allem Waren für Asien beim Zoll deklariert hat, verliert seinen Job bei einer Spedition, weil diese ins Ausland verlagert wird. Er erstellt eine Kontaktnetzliste und geht den Kontakten systematisch nach. So findet er einen ehemaligen Kollegen, der in ganz ähnlicher Funktion tätig ist, dies aber bei einer stark expandierenden Firma. Der Kollege gibt dem Sachbearbeiter eine gute Referenz und verhilft ihm zu einem Gespräch beim Chef. Schliesslich wird in der Firma in Anbetracht der stetig zunehmenden Arbeit eine Stelle für den Sachbearbeiter geschaffen. Eine Stelle, die nie ausgeschrieben wurde …

Das Ziel von Netzwerken ist es, Möglichkeiten und Gelegenheiten zu schaffen, die eine herkömmliche Stellensuche nicht bieten kann. So können Sie zum Beispiel

- neue Branchen erkunden,
- die Realisierbarkeit eines Wechsels überprüfen,
- sich auf Unternehmen konzentrieren, die für Sie interessant sind,
- Menschen treffen, die durch ihren Einfluss Stellen für Sie schaffen können,
- wichtige interne Informationen sammeln, zu denen Sie sonst keinen Zugang hätten,
- Ihre Präsenz in einem bestimmten Markt verstärken oder
- realistische Möglichkeiten und Optionen erkunden.

Aufbau Ihres Kontaktnetzes

Idealerweise beginnen Sie mit der Pflege eines Netzwerks nicht erst dann, wenn Sie es dringend brauchen. Allerdings tun sehr viele Menschen genau das. Sie haben bislang gedacht, sie bräuchten kein Netzwerk oder seien nicht zum Networken geeignet.

Networking ist einfacher als Sie glauben – selbst wenn Sie Ihr Netzwerk bisher kaum oder gar nicht gepflegt haben. Fast jeder von uns verfügt über ein mehr oder weniger umfangreiches Kontaktnetz und kennt Dutzende von Menschen. Auch wenn Ihre geschäftlichen Kontakte vorwiegend mit Ihrem alten Arbeitgeber verbunden sind oder waren, haben Sie darüber hinaus viele private Kontaktpersonen. Einige davon sind so offensichtlich, dass Sie sie gar nicht als solche wahrnehmen: Ihre Nachbarn, Verwandten, Ihr Coiffeur oder Ihre Ärztin. Beim Networking unterscheidet man:

- **Primärkontakte:** Menschen, die Sie persönlich kennen und zu denen Sie einen direkten Zugang haben. Ihre Primärkontakte müssen weder aus Ihrem Berufsbereich stammen noch sich in Ihrem Wissensgebiet auskennen, um Ihnen helfen zu können.
- **Sekundärkontakte:** Kontakte, die Ihnen Ihre Primärkontakte vermitteln. Diese Kontaktpersonen bilden meist die Brücke zu Entscheidungsträgern in Firmen oder zu weiteren Sekundärkontakten. Die Sekundär-

TO DO: MEIN NETZWERK

Erstellen Sie Ihre Basis-Kontaktnetzliste. Darauf stehen Ihre Primärkontakte, also Personen, die Sie direkt kennen. Ergänzen Sie die Liste mit möglichst vielen Detailinformationen: Telefonnummern, E-Mail-Adresse, Unternehmen, Vereinsmitgliedschaften.

Überlegen Sie in einem nächsten Schritt, welche Verbindungen es zwischen Ihrer Netzwerkliste und den Unternehmen auf Ihrer Zielfirmenliste gibt. Arbeitet einer Ihrer Primärkontakte vielleicht in einem Zielunternehmen? Oder wohnt er in der Region eines Unternehmens? Besteht die Chance, dass einer Ihrer Primärkontakte eine Person kennt, die Sie kennenlernen wollen? Ziel ist es, über Ihre Kontakte an weitere Kontakte und Ansprechpartner zu kommen, die Ihnen weiterhelfen können.

kontakte können Ihnen Insider-Informationen zur Entwicklung einer Branche, zu ähnlichen Unternehmen mit möglichen Stellenangeboten sowie wertvolle Erkenntnisse zu Ihren beruflichen Möglichkeiten liefern.

TIPP *Weitere Möglichkeiten, sich zu vernetzen, finden Sie in Berufs- oder Kaderverbänden, zum Beispiel bei der Schweizer Kader Organisation (SKO, www.sko.ch).*

Netzwerkgespräche anbahnen

Netzwerkarbeit bedeutet nicht, möglichst viele Netzwerkgespräche zu führen, sondern qualitativ sinnvolle. Das Ziel jedes Netzwerkgesprächs ist es, neue Informationen zu generieren und Zugang zu Netzwerkpartnern Ihrer Netzwerkpartner zu bekommen. Ihre Netzwerkliste wächst also mit jedem Gespräch, neue Verbindungen werden erkennbar.

Das Anbahnen der Gespräche ist nicht immer einfach. Am besten stellt man den Kontakt über einen gemeinsamen Bekannten her. Wenn Sie eher zurückhaltend sind, ist es viel einfacher, über eine «warme» Adresse, bei der sie sich auf eine Empfehlung berufen können, Kontakt aufzunehmen.

WENN SIE EINEN FIRMENKONTAKT ANRUFEN und sagen: «Guten Tag Herr V., ich habe Ihre Adresse von unserem gemeinsamen Feuerwehrkollegen W., der fand, wir sollten uns unbedingt mal kennenlernen, um unsere Erfahrungen im Tessiner Markt auszutauschen», dann ist die Tür vermutlich offen. Für Herrn V. wäre es schwierig, ein Meeting abzulehnen, das sein Kollege W. vorgeschlagen hat.

Kennen Sie keine «warme» Kontaktperson zu Herrn V., können Sie auch einen «cold call» versuchen. Dann haben Sie jedoch nur ein sehr kleines Zeitfenster, um das Interesse von Herrn V. so sehr zu wecken, dass er bereit ist, sich mit einer fremden Person zu treffen.

Warme Kontakte finden

Innerhalb einer Region oder einer Branche ist es gar nicht so schwierig, über ein paar Zwischenkontakte den erwünschten warmen Kontakt herzustellen. Die Welt ist bekanntlich klein, und die Kontaktaufnahme über gemeinsame Bekannte funktioniert oft in noch weniger Schritten als im Experiment «Kleine-Welt-Phänomen» des amerikanischen Psychologen Stanley Milgram (siehe Kasten).

Hierzulande ist die Chance gross, in weniger als sechs Schritten eine ausgewählte Kontaktperson zu erreichen. Berufsverbände, Ehemaligenorganisationen, Verbindungen über den Sport, Social Clubs, Vereine – die Schweiz ist aufgrund ihrer Grösse und Struktur geradezu ein Paradies für Networking.

TIPP *Der Weg ist zugleich das Ziel. Auf Ihrer Networking-Wunschliste steht der Finanzchef eines bestimmten Unternehmens? Nur zu – beim Networken, um mit diesem Finanzchef in Kontakt zu kommen, werden Sie viele interessante Menschen kennenlernen, bestehende Kontakte auffrischen und Informationen sammeln, mit denen Sie gar nicht gerechnet haben.*

DAS KLEINE-WELT-PHÄNOMEN

Der amerikanische Psychologe Stanley Milgram erforschte in den USA die Vernetzung innerhalb der Bevölkerung. Er liess 160 Briefe verteilen mit der Bitte, sie an einen Aktienhändler weiterzuleiten, dessen genaue Anschrift – so gab Milgram vor – ihm nicht bekannt sei. Wer den Aktienhändler nicht kannte, sollte den Brief doch bitte an eine Person weiterleiten, von der er annahm, sie könnte ihn eher kennen. Die Analyse des Experiments zeigte, dass diejenigen Briefe, die den Aktienhändler schliesslich erreichten, durchschnittlich nicht mehr als sechs Zwischenadressaten aufwiesen. Der Netzwerkdurchmesser betrug in Milgrams Experiment also sechs Personen. ■

Wer zuerst? Das Kontaktnetz-Quadrat

Netzwerkgespräche sollten Sie zunächst einmal üben, und zwar mit Menschen aus Ihrem vertrauten Umfeld: mit Freunden, Kolleginnen oder Ihrem Partner, Ihrer Partnerin. Betrachten Sie die ersten fünf bis zehn Networking-Treffen als Gelegenheit, die notwendigen Fertigkeiten zu erlernen. Beginnen Sie mit den Personen, bei denen Sie sich am freisten und unbefangensten fühlen. Ihre Freunde kennen Ihnen unbekannte Menschen –

DAS KONTAKTNETZ-QUADRAT

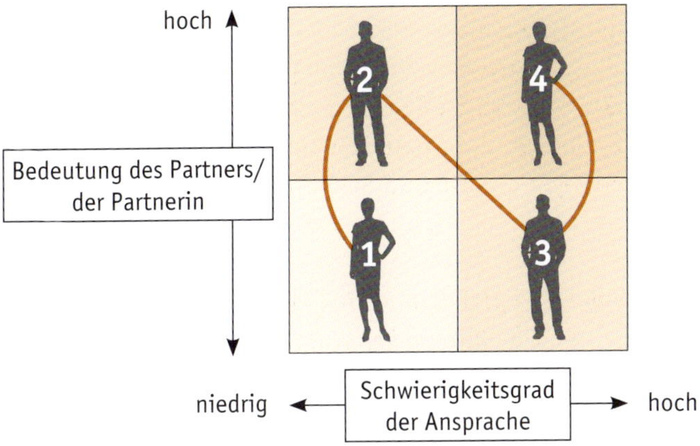

Die Kontakte der Qualität 4 – also wichtige Gesprächspartner, die schwierig anzusprechen sind – sollten Sie zurückstellen, bis Sie sich sicher fühlen.

Quelle: Dr. Nadig + Partner

eine Kundin, einen Kollegen, einen Schul- oder Sportsfreund – und einer von diesen kann der Networking-Kontakt sein, der Sie zu Ihrer nächsten Stelle führt.

TIPP *Behalten Sie Ihre besten Kontakte vorerst zurück, bis Sie sicher sind, dass Sie die Gesprächstechnik beherrschen. Um die Reihenfolge Ihrer Gespräche festzulegen, dient Ihnen das Kontaktnetz-Quadrat (siehe Grafik).*

E-Networking

In der Altersgruppe 50 plus ist der üblichste Weg für Networking immer noch der persönliche Kontakt. Einige sind in Social Clubs wie den Lions oder Rotariern engagiert, andere arbeiten in der Gemeinde, in Vereinen oder Verbänden mit, haben Kontakte von der Ausbildungszeit oder vom Militär. Ein sehr guter Weg, sein Netzwerk zusätzlich zu pflegen und auszuweiten, sind aber auch die Plattformen im Internet. Deren Anzahl ist mittlerweile riesig. Es gibt soziale Netzwerke für verschiedene Branchen oder Hobbys, für Studierende, nur für Frauen, aber auch zugangsbeschränkte Netzwerke ab einem bestimmten Einkommen oder solche, in die man nur mithilfe einer persönlichen Empfehlung gelangt. Im Internet – zum Beispiel unter www.online-ich.de – finden sich Listen mit den hundert beliebtesten Plattformen und deren Anzahl User weltweit.

TIPP *Es ist interessant, sich im Verlauf der Neuorientierung mit E-Networking auseinanderzusetzen, und es lohnt sich, zumindest temporär auch in ein kleineres Netzwerk einzusteigen, um Informationen über einen bestimmten Nischenbereich zu sammeln. In der Schweiz werden Geschäftskontakte vor allem auf Xing sinnvoll angebahnt; ist man in einem internationalen Umfeld tätig, gilt LinkedIn als führende Plattform.*

Aktiv auf Kontakte zugehen

Netzwerken im Internet will allerdings ähnlich gelernt sein wie im «richtigen» Leben. Auch hier gilt es, sich gut zu präsentieren und aktiv zu werden. Es ist wie bei einem Geschäftsanlass: Wenn Sie sich mit einem Glas in der Hand in einer Ecke verstecken und hoffen, dass Sie jemand anspricht, wird der Abend vermutlich nicht so erfolgreich. Wenn Sie hingegen aktiv auf andere Menschen zugehen und sich austauschen, dann besteht eine gute Chance, dass Sie mit ein paar neuen Kontakten und interessanten Informationen nach Hause gehen. Auch in den sozialen Netzwerken reicht es nicht, ein Profil zu hinterlegen und dann zu hoffen, dass von irgendwoher ein interessanter Kontakt kommt.

«Das echte Gespräch bedeutet: aus dem Ich heraustreten und an die Tür des Du klopfen.»

Albert Camus, französischer Schriftsteller und Philosoph

E-Networking ist nicht nur wichtig, um gefunden zu werden, sondern noch viel wichtiger, um Ihr Netzwerk aktiv auszubauen und Ihre Recherchen zu professionalisieren. So wie Sie nach einem Anlass Visitenkarten ablegen oder erfassen, sollten Sie Ihre Gesprächspartner auch in Xing oder LinkedIn nachbearbeiten. An welchen Diskussionen beteiligen sie sich? Bei welchen Gruppen sind sie dabei? So entstehen fast automatisch Anknüpfungspunkte auch für eine persönliche Kontaktaufnahme.

10 TIPPS FÜR IHR NETZWERKGESPRÄCH

1. Formalitäten nicht vernachlässigen! Bedanken Sie sich, dass die Gesprächspartnerin sich die Zeit nimmt, und bezahlen Sie die Rechnung, falls Sie sich zu einem Kaffee treffen. Nach dem Gespräch sollten Sie sich kurz schriftlich bedanken.
2. Sie sind dafür verantwortlich, dass der vereinbarte Zeitrahmen eingehalten wird.
3. Bereiten Sie Fragen vor. Wer fragt, führt! Die Fragen sollen zeigen, dass Sie sich mit der Branche, der Firma des Netzwerkpartners und mit möglichen Tätigkeiten beschäftigt haben. «Wie sehen Sie die Entwicklung der Branche?», wird wenig Wohlwollen auslösen. Machen Sie Ihre Hausaufgaben, bevor Sie die Zeit Ihrer Kontaktperson in Anspruch nehmen.
4. Gehen Sie aus keinem Netzwerkgespräch ohne die Namen von mindestens drei weiteren Ansprechpersonen. Drei Fragen hierzu: Mit wem würden Sie an meiner Stelle noch sprechen? Wie könnte ich mit Frau L. Kontakt aufnehmen? Darf ich mich auf Sie beziehen?
5. Werden im Gespräch Namen erwähnt, können Sie gut nachfragen, ob Ihr Gegenüber Ihnen raten würde, mit dieser Person Kontakt aufzunehmen, und ob es Ihnen dabei behilflich sein kann. Allerdings sollten Sie niemanden zu sehr drängen. Sie wissen selbst, dass man im Geschäftsleben Leute von verschiedenen Anlässen zwar vage kennt, aber doch nicht gut genug, um ihnen einen Gesprächspartner ins Haus zu schicken. Hier sind Hartnäckigkeit und Feingefühl gleichermassen gefragt.
6. Dokumentieren Sie das Gespräch. Am besten schaffen Sie sich ein System, in dem Sie alle Kontakte erfassen – wer, wann, wie lange, Ergebnis, Kontaktdaten, nächste Schritte, Name der Sekretärin ... Nach erfolgreicher Neuorientierung informieren Sie alle Gesprächspartner schriftlich über Ihre neue Tätigkeit und geben Ihre Kontaktdaten an.
7. Es empfiehlt sich nicht, mit einer Person, die Sie noch nie getroffen haben, ein Networking-Gespräch beim Mittagessen abzuhalten. Das kann sehr lange dauern und zu unangenehmen Gesprächspausen führen. Ein kurzes Treffen ist da angebrachter.
8. Achten Sie auf nonverbale Signale Ihrer Gesprächspartnerin. Wenn sie das Treffen interessant zu finden scheint und es verlängern möchte, gehen Sie darauf ein. Wenn sie vor Ideen sprüht und helfen will, hören Sie zu und machen Sie sich Notizen.
9. Setzen Sie offene Fragen ein: Offene Fragen lassen sich nicht einfach mit Ja oder Nein beantworten. So halten Sie das Gespräch im Fluss. Offene Fragen beginnen stets mit einem Fragewort – wer, warum, wie ...
10. Stellen Sie sicher, dass sich Zuhören und Mitteilen die Waage halten. Achten Sie auf genügend Abstand, mindestens eine Armlänge. Menschen, die dem Gegenüber zu nahe kommen, wirken sehr unangenehm. Treten Sie nicht in Fettnäpfchen, indem Sie die Situation mit oberflächlichem Humor und Witzen aufzubessern versuchen.

Netzwerkgespräche führen

Ein Netzwerkgespräch – sei es ein persönliches Treffen oder ein vorvereinbartes, längeres Telefonat – sollten Sie gründlich vorbereiten. Wenn Netzwerken bedeutet, Informationen zu sammeln und auszutauschen, dann überlegen Sie sich im Vorfeld genau, an welchen Informationen Sie überhaupt interessiert sind und über welche Informationen Sie verfügen, die Ihren Gesprächspartner interessieren könnten.

ACHTUNG *Ein Netzwerkgespräch ist weder unverbindlicher Small Talk noch eine nette Plauderei über alles und nichts. Wenn Sie unvorbereitet in ein solches Gespräch gehen, untergraben Sie Ihre eigene Professionalität, stehlen die Zeit Ihres Gegenübers und hinterlassen einen nicht zu korrigierenden, negativen Eindruck.*

Small Talk, der Sympathiestifter

Networking ist nicht Small Talk. Aber: Small Talk kann Networking sein. Denn auch lockere, private Anlässe bieten eine gute Gelegenheit, das Kontaktnetz auf spielerische, unkomplizierte Art auszubauen. Small Talk ist besser als sein Ruf. Wer die Regeln beherrscht, wird Sympathien gewinnen – und dies ist der erste Schritt beim Vernetzen. Wenn Sie Small Talk grundsätzlich als oberflächliches Gehabe abtun, werden Sie genau dies ausstrahlen. Dadurch können Sie als hilflos oder als arrogant und abweisend herüberkommen und folglich Chancen verpassen. Small Talk kann durchaus Spass machen und bringt viele Vorteile:

- Lernen: Auch im lockeren Gespräch kann interessanter Inhalt ausgetauscht werden, den Sie beim nächster Mal wieder anbringen können.
- Verantwortung übernehmen für Ihre Anteile am Gelingen von Kommunikation: Stellen Sie Fragen, die interessante Antworten provozieren. Finden Sie Ihr Gegenüber langweilig, haben auch Sie Anteil daran.
- Feedback: Im Small Talk können Sie Ihre kommunikativen Fähigkeiten üben und bekommen durch die Reaktionen des Gegenübers sofort Feedback.
- Selbsterkenntnis: In der Interaktion mit anderen erfahren Sie viel über sich selbst. Mit wem fühlen Sie sich wohl? Zu welchen Menschen zieht

es Sie hin, welchen gehen Sie lieber aus dem Weg? Welche Menschen kommen auf Sie zu? Wie stellen Sie eine Beziehung her: mit Blickkontakt, mit örtlicher Nähe, mit einem Lächeln oder mit direktem Ansprechen?

- Geselligkeit: Es kann auch einfach schön sein, mit Menschen zusammen zu sein. Wenn Sie die Freude am Kontakt und das Interesse an anderen Menschen ausstrahlen, werden Sie nicht wie ein Mauerblümchen in der Ecke stehen.
- Beziehungen: Small Talk ist oft der Beginn einer wunderbaren Freundschaft, denn er ermöglicht die nächsten Schritte der Kontaktaufnahme: ein Telefonat, eine E-Mail oder ein erstes Treffen zum zwanglosen Lunch.

TIPP *Sie suchen ein geeignetes Thema für Small Talk? Schauen Sie sich um, wo Sie gerade sind, und nehmen Sie Bezug auf den Anlass oder die Örtlichkeit. Der beste Anknüpfungspunkt ist die Gesprächspartnerin, der Gesprächspartner selbst. Insbesondere Gespräche über Beruf und Arbeit sowie über Hobbys lassen das Eis schnell schmelzen. Allzu ernste Themen sind dagegen tabu. Achten Sie im Gespräch auf Details, hier können Sie nachhaken.*

Bewerbung auf Inserate

Stelleninserate – ob in Printmedien oder online – sollten Sie bei Ihrer Jobsuche berücksichtigen. Auch sie sind ein Weg in den Arbeitsmarkt. Wichtig ist aber, dass Sie diesen Weg mit den richtigen Erwartungen und effizient gehen.

Wer sich auf ein Stellenangebot bewirbt, steht immer im Wettbewerb mit anderen. Wie gross die Konkurrenz ist, hängt ab von der Arbeitsmarktlage, der Branche, der gewünschten Position. Sie können aber auch in diesem harten Wettbewerb Ihre Chancen deutlich erhöhen – durch konsequente und professionelle Vorbereitung.

Wo finden sich geeignete Stellenausschreibungen?

Legen Sie zunächst einmal fest, welche Tages- und Wochenzeitungen, welche Fachzeitschriften und Verbandspublikationen Sie regelmässig sichten wollen. Prüfen Sie dabei die einzelnen Zeitungen und Zeitschriften sehr genau, vor allem Fachzeitschriften bezüglich Anzahl und Periodizität der Stelleninserate. Die meisten wichtigen Fach- und Branchenzeitschriften haben heute auch eine Online-Ausgabe. Nutzen Sie auch die Online-Versionen der Tages- und Wochenzeitungen und Zeitschriften. Gerade wenn Sie in anderen Regionen oder Ländern suchen, sollten Sie die elektronischen Stellenmärkte regionaler Zeitungen durchforsten.

Jobbörsen

Sie können auch in den gängigen Jobbörsen im Internet suchen und dort zusätzlich Ihr Suchprofil deponieren. Damit automatisieren Sie Ihre Recherche nach offenen Positionen, die Ihren Vorstellungen entsprechen. Allerdings ist dieser Weg schwierig: Ist Ihr Profil zu breit gefasst, bekommen Sie alle möglichen Jobs zugeschickt – ist es zu eng, entgehen Ihnen mögliche Chancen.

TIPP *Ihr Suchprofil muss klar umschrieben sein, insbesondere wenn Sie Stichworte, Keywords, eingeben können. Überlegen Sie analog zu einem Xing- oder LinkedIn-Profil, nach welchen Keywords die Suchmaschine oder ein Rekrutierer sucht. Streichen Sie allgemeine Ausdrücke – statt «Betriebswirtschaft» also besser «Rechnungswesen» oder «Marketing» – und vor allem alle Verkettungen – statt «Buchhaltungsprofi mit SAP-Kenntnissen» besser: «Buchhaltung, SAP».*

Folgen Sie Ihren Zielfirmen

Gewöhnen Sie sich an, während Ihrer Stellensuche Ihren Zielfirmen zu folgen – über Xing, LinkedIn, Facebook oder Twitter. So erhalten Sie automatisch die News dieser Unternehmen. Dies ist einerseits unter Recherche-Gesichtspunkten interessant. Vor allem aber publizieren Unternehmen in ihren News zum Beispiel auf Xing oder LinkedIn auch offene Stellen, weil das für sie gratis ist. Stellenanzeigen in der Rubrik «offene Stellen» oder «Jobs» dagegen kosten.

OFFEN ODER VERDECKT? WIE FIRMEN SUCHEN

Wird in einem Inserat der Name der suchenden Firma genannt, spricht man von einer offenen Anzeige. Solche Anzeigen werden entweder direkt vom Unternehmen oder von Personalberatungen geschaltet. Der Vorteil für Sie: Sie können genauer zum Unternehmen recherchieren und es anhand Ihrer Kriterien für ein ideales Arbeitsumfeld prüfen, bevor Sie auf die Anzeige eingehen.

Vielfach vergeben Unternehmen die Vorselektion geeigneter Kandidaten an einen Personalberater respektive eine Headhunterin. Zum Beispiel, wenn sie die Suche im Markt zunächst nicht transparent machen wollen. Die Personalberatung schaltet dann im Auftrag des Unternehmens, aber ohne dessen Namen zu nennen, eine Stellenanzeige oder recherchiert selber über Datenbanken und Kontaktnetze und spricht mögliche Kandidaten, Kandidatinnen direkt an (Active Sourcing). Dann macht sich für Sie ein aussagekräftiges Xing- oder LinkedIn-Profil bezahlt, über das Sie gefunden werden. ■

Lohnt sich eine Bewerbung?

Die Chancen auf ein Vorstellungsgespräch sinken proportional zur Menge der Bewerbungsschreiben. Personalverantwortliche verteilen eingehende Bewerbungen bei der ersten Durchsicht auf drei Stapel: ja, vielleicht, nein. Je besser Ihr Werdegang und Ihre Berufserfahrung den in der Stellenanzeige verlangten Qualifikationen entsprechen, desto höher Ihre Chancen, auf den Stapel «Ja» oder wenigstens «Vielleicht» zu kommen. Das heisst auch: Je höher die Passgenauigkeit der ausgeschriebenen Stelle mit Ihrem Profil, umso mehr Zeit sollten Sie in die Bewerbung investieren, denn hier sind Ihre Chancen besonders hoch.

Aber wie finden Sie heraus, ob eine Bewerbung überhaupt einen Sinn hat? Einige Tipps zur Vorselektion:

- Bei der ersten Durchsicht der Stellenanzeigen können Sie zunächst grosszügig sein. Schneiden oder drucken Sie alle interessanten Angebote aus.
- Bei der zweiten Durchsicht selektieren Sie die Anzeigen nach strengen Kriterien: ideales Arbeitsumfeld, berufliche Zielsetzung, bisheriger Werdegang etc.

- Notieren Sie auf Printanzeigen die Quelle, also Zeitung und Erscheinungsdatum. Drucken Sie Internetanzeigen aus.
- Analysieren Sie Aufgabenbeschreibung und Anforderungen und vergleichen Sie diese mit Ihren Fähigkeiten: Das kann ich – das kann ich nicht (siehe auch das unten stehende To do).
- Klären Sie offene Fragen möglichst telefonisch, allenfalls auch per E-Mail, und entscheiden Sie dann, ob Sie sich bewerben wollen.

TIPP *Bewerben Sie sich nicht, wenn die Stelle nicht mindestens zu 80 Prozent Ihren Anforderungen entspricht und/oder Sie nicht den Anforderungen der Stelle genügen. Sie verschwenden bloss Ihre Zeit, die Zeit anderer und wirken unprofessionell. Ihren Fleiss stecken Sie besser in die Recherche als in den Versand von Bewerbungen!*

So bewerben Sie sich richtig

Ist die Auswahl einmal gemacht, geht es darum, eine wirklich treffende Bewerbung zu erstellen. Dies passiert in vier Schritten, wobei Sie jetzt auf die Vorarbeiten und Grundlagen aus den vorherigen Kapiteln zurückgreifen können.

TO DO: STELLENANGEBOTE ANALYSIEREN

Markieren Sie mit zwei verschiedenen Textmarkern Wort für Wort die geforderten Qualifikationen: Das kann ich / kann ich nicht. Das bringe ich mit / bringe ich nicht mit. Es kommt durchaus darauf an, dass Sie jedes Wort «auf die Goldwaage legen».

Notieren Sie dann auf einem Blatt Papier auf der linken Seite die Stichworte des vom Unternehmen erwarteten Sollprofils. Überlegen Sie, welche dazu passenden Qualifikationen Sie vorweisen können, was Sie zu den einzelnen Punkten zu sagen haben und was Sie anzubieten haben (STARS, Stärken, Kompetenzen, übertragbare Fähigkeiten). Notieren Sie diese Punkte auf der rechten Seite. Ein Beispiel und eine Vorlage für Ihre Analyse finden Sie unter www.beobachter.ch/download.

Schritt 1: Auswertung der Stellenanzeigen

Eine erste Analyse der Stellenanzeigen haben Sie schon vorgenommen, indem Sie überprüft haben, was von den verlangten Qualifikationen Sie mitbringen und was nicht. Nun geht es um die Feinauswertung.

Nach dieser Analyse werden Sie vermutlich einige Fragen zum Stellenangebot, zum Unternehmen und zur ausgeschriebenen Position haben. Notieren Sie diese in einem Fragenkatalog, den Sie nach Ihren Vorstellungen strukturieren. Sie werden merken, dass Sie bei der Analyse mehrerer Stellenangebote immer wieder auf ähnliche Fragen stossen. Typische Themen sind Fragen zur Branche, zu den Aufgaben, zum Markt, zum Vorgesetzten, zum Unternehmen, zu den Gründen der Neubesetzung, zur Organisation, zu den Konditionen, zur Position.

Schritt 2: Recherche zum Unternehmen

Der nächste Schritt ist die fundierte Recherche über den Absender des Stellenangebots. Für den Erfolg Ihrer Bewerbung kann es ausschlaggebend sein, wie gut Sie über das Unternehmen und sein Angebot Bescheid wissen.

Wenn Sie mit der Personalverantwortlichen im Unternehmen oder mit dem Personalberater das erste Mal Kontakt aufnehmen, sollten Sie wenigstens grundlegende Informationen über das Produktsortiment oder das Dienstleistungsangebot des Unternehmens haben. Nichts ist peinlicher, als auf eine entsprechende Frage keine Antwort zu wissen. Interessieren Sie sich für eine Kaderposition, sollten Sie auch Informationen über die Geschäftsentwicklung der letzten Jahre, die Namen der Geschäftsleitungsmitglieder und über die Stellung des Unternehmens im Wettbewerb einholen. Recherchieren Sie im Internet oder beschaffen Sie sich die Informationen durch einen Anruf bei der Zentrale oder der Pressestelle des Unternehmens.

Bei einer verdeckten Anzeige über eine Personalberatung können Sie sich über das Unternehmen selbst in der Regel nicht informieren. Dann ist es wichtig, Bescheid zu wissen über die Personalberatung. So erfahren Sie zum Beispiel, in welchen Branchen und Regionen die Firma tätig ist und auf welche Art Stellen sie sich spezialisiert hat. Auf diese Weise können Sie im Gespräch vielleicht bereits eine Vermutung platzieren, wer der Auftraggeber sein könnte. So punkten Sie mit Interesse und Branchenkenntnissen.

Schritt 3: Kontaktaufnahme telefonisch

Nach der gründlichen Vorbereitung empfiehlt es sich, das Unternehmen oder die Personalberatung zunächst anzurufen. Stellenanzeigen sind oft sehr zurückhaltend mit Informationen, schlecht aufgemacht oder wenig aussagefähig. Daher ist es sinnvoll, Genaueres über die ausgeschriebene Position zu erfragen. Je mehr Sie in einem solchen Telefongespräch über die Anforderungen und die Pläne des Unternehmens, über die Beweggründe für die Neubesetzung, die Wünsche an den neuen Mitarbeiter erfahren, umso persönlicher und informierter können Sie im Bewerbungsbrief oder in einem späteren Gespräch agieren. Das ist ein echter Vorteil gegenüber anderen Bewerbern. Ausserdem geht es ja auch darum, dass Sie für sich selbst klären, ob Sie sich auf die ausgeschriebene Position überhaupt bewerben wollen. Hat Sie das Telefonat in Ihrem Interesse bestärkt oder nicht?

Ein weiterer Grund für einen Anruf ist, dass Sie sich damit bereits im Vorfeld Ihrer Bewerbung profilieren können. Durch die Art, wie Sie Ihre Fragen stellen, durch die Ausstrahlung Ihrer Stimme können Sie Ihre Arbeitsweise und Professionalität vermitteln. Gehen Sie davon aus, dass die Person am anderen Ende der Leitung ein Profi ist. Sie wird sich Notizen machen über Ihre Informationen, über das spürbare Interesse, über Ihre Kenntnisse und Fähigkeiten, Ihre akustische Ausstrahlung und auf Ihre Unterlagen «warten».

TIPP *Versuchen Sie dieses Telefonat auch dann zu führen, wenn keine Telefonnummer oder keine Ansprechperson angegeben ist. Rufen Sie die Auskunft oder die Telefonzentrale des Unternehmens an und fragen Sie sich bis zum richtigen Gesprächspartner durch. Lassen Sie sich nicht abwimmeln und stellen Sie durch eine Frage – «Sind Sie persönlich mit der Besetzung der Position betraut?» – sicher, dass Sie die zuständige Person am Telefon haben.*

Wenn nicht das Unternehmen selbst, sondern eine Personalberatung die Stellenanzeige geschaltet hat, ist diese zunächst Ihr Ansprechpartner. Verstehen Sie die zuständige Person als Beraterin für beide Seiten – in diesem Fall für Sie als Bewerber. Lassen Sie sich nicht abwimmeln, wenn Sie mit der Auskunft nicht zufrieden sind. Bitten Sie darum, die für Sie relevanten Informationen einzuholen, und vereinbaren Sie einen erneuten Anruf.

GEKONNT TELEFONIEREN

Telefonate sind im Bewerbungsverfahren eine grosse Chance, weil sie einen Eindruck von Ihrer Kommunikationsfähigkeit vermitteln. Und ähnlich, wie wir uns visuell einen ersten Eindruck machen, reagieren wir auf die Stimme und die mündliche Ausdrucksweise anderer Menschen. Damit dieser erste Eindruck positiv ist und Sie in Ihrer Bewerbung unterstützt, sollten Sie einige Regeln des Telefonierens beherrschen:

- Alt, aber wirkungsvoll: Telefonieren Sie im Stehen. Ihre Stimme wirkt dann kraftvoller und konzentrierter. Und lächeln Sie!
- Sprechen Sie bewusst langsam. Wir neigen in solchen Situationen dazu, möglichst schnell zu sprechen, um nicht unterbrochen zu werden. Das überfordert das Gegenüber.
- Überlegen Sie vorher, was Sie sagen und fragen wollen. Schreiben Sie es auf und sprechen Sie dann klar und deutlich.
- Entschuldigen Sie sich nicht für Ihren Anruf!
- Erklären Sie nicht lange Ihre Situation, langweilen Sie Ihr Gegenüber nicht mit einer Nacherzählung Ihres Lebenslaufs und halten Sie keine Monologe.
- Stellen Sie viele (offene) Fragen. Ihr Gesprächspartner sollte möglichst viel reden, Sie weniger.
- Sprechen Sie Ihren Gesprächspartner mit Namen an und wiederholen Sie den Namen während des Gesprächs.
- Bedanken Sie sich für das Gespräch und setzen Sie einen «Anker», indem Sie beispielsweise eine Besonderheit Ihres Profils betonen.

Das Allerwichtigste aber: Üben Sie!

TIPP *Sie können ein solches Gespräch zuerst «kalt» üben, indem Sie Ihre Einleitung mit dem Handy aufnehmen. In einem nächste Schritt üben Sie mit weniger wichtigen Kontaktpersonen. Und erst, wenn Sie einige Routine haben, telefonieren Sie mit den Topkontakten auf Ihrer Liste. Die wichtigsten Regeln zum gekonnten Telefonieren finden Sie im Kasten.*

Schritt 4: Erstellen des Bewerbungsschreibens

Angenommen, der telefonische Kontakt ist gut verlaufen und Sie wollen sich für die ausgeschriebene Position bewerben. Durch Ihre Vorbereitung und das Telefongespräch haben Sie nun das Rüstzeug, um einen individuellen Brief zu formulieren. Allein die Tatsache, dass Sie Ihren Gesprächspartner nun persönlich anschreiben und dass Sie Bezug auf das Gespräch nehmen können, profiliert Sie gegenüber anderen Kandidaten, die ihre Bewerbung an «sehr geehrte Damen und Herren» richten.

Ihr Brief sollte einen sehr individuellen Charakter haben. Greifen Sie die als relevant erkannten Elemente aus der Stellenanzeige und aus dem Telefongespräch auf und verwenden Sie diese in Ihrem Schreiben. Hüten Sie sich vor Floskeln und allzu steifen Formulierungen wie «bezugnehmend auf unser Telefonat vom ... bewerbe ich mich ...». Gehen Sie auf diejenigen Punkte ein, an denen Ihr Gesprächspartner am Telefon besonderes Interesse zeigte, und ebenso auf Punkte, die Sie als heikel und kritisch empfanden und zu denen Sie in schriftlicher Form etwas erläutern möchten.

TIPP *Je individueller Sie Ihren Brief formulieren, umso höher die Wahrscheinlichkeit, dass er direkt auf dem Tisch Ihres Gesprächspartners landet. Das Schreiben sollte maximal eine Seite umfassen! Mehr zum prägnanten Schreiben lesen Sie auf Seite 128.*

Bewerbung über Personalberatungen und Headhunter

Ein weiterer Suchkanal sind professionelle Beratungsunternehmen, die auf die Suche und Vermittlung von Mitarbeitern spezialisiert sind. Auch diesen Suchkanal sollten Sie miteinbeziehen, allerdings im Wissen darum, was Sie davon erwarten können – und was nicht.

Im professionellen Markt der Personalbeschaffung gibt es verschiedene Geschäftsmodelle, die man kennen sollte. Diese Geschäftsmodelle richten sich primär nach der Zielgruppe der zu findenden Personen und nach dem Bedürfnis der suchenden Unternehmen. Man unterscheidet drei Kategorien von Personalbeschaffung, wobei die Grenzen manchmal etwas fliessend sind (siehe Kasten).

VERSCHIEDENE ARTEN DER PERSONALREKRUTIERUNG

	Headhunter	Personalberater	Stellenvermittler
Stellen	Oberstes und mittleres Management (C-Level und C-Level-1)	Mittleres Management	Mitarbeitende, auch Teilzeit und temporär
Saläre (Jahresziel)	Ab ca. 250 000	Ab ca. 100 000	Alle
Honorare	Ca. 25 bis 35 Prozent des Jahreszielsalärs	Ca. 15 bis 25 Prozent des Jahreszielsalärs	Ca. 10 bis 15 Prozent des Jahreszielsalärs
Basis der Zusammenarbeit	Mandat	Mandat und Erfolg	Erfolg
Art der Suche	Direktansprache, evtl. Kandidatenpool	Direktansprache, Inserat, Kandidatenpool	Kandidatenpool
Nennung des Auftraggebers	Erst bei klarem Interesse	Nach Vorselektion	Sofort oder nach Vorselektion

Mandat oder Vermittlung?

Wichtig ist die Unterscheidung zwischen Mandat und Vermittlung. Firmen, die vorwiegend auf Mandatsbasis tätig sind, arbeiten nicht für Sie, sondern für ihre Auftraggeber, also für die Unternehmen, die für eine Position den bestmöglichen Mitarbeiter suchen. Die Beratungsfirmen (Headhunter oder Personalberater) erhalten den Auftrag, diese Stelle zu besetzen, und bedienen sich dabei in aller Regel der Direktansprache von Kandidaten. Die angesprochenen Kandidaten haben meist eine Stelle, sie werden also abgeworben.

Für einen Headhunter ist es nicht interessant, auf Ihre Initiative hin mit Ihnen als Stellensuchendem zu sprechen. Denn die Chance, dass eines seiner aktuellen Suchmandate zufällig zu Ihrem Profil passt, ist verschwindend gering. Und wenn es eine Übereinstimmung gäbe, wäre es die Aufgabe des Headhunters, Sie zu finden – sei es, weil Sie den entsprechenden

Ruf in der Branche haben, sei es über die Empfehlung einer Person aus Ihrem Netzwerk oder über Ihr LinkedIn-Profil. Oder anders gesagt: Headhunter heissen Headhunter, weil sie aktiv nach den richtigen Profilen jagen. Wenn es ihr Job wäre, für Sie die richtige Position zu finden, würden sie Jobfinder heissen.

Im Kandidatenpool

Manche Beratungsfirmen führen Kandidatenpools. Bei Headhunter-Firmen oder auch Personalberatungen besteht ein solcher Pool in der Regel aus Personen, die der entsprechende Berater kennt, beispielsweise als Auftraggeber oder als Kandidaten bei einer vergangenen Suche. Manche Berater verfolgen die Karrieren der von Ihnen platzierten Kandidatinnen und Kandidaten über längere Zeit. Es könnte ja immer eine Situation auftreten, die zu einer Veränderung führt. Diese Beratungsfirmen sind in der Regel aber nicht an unverlangt zugeschickten Lebensläufen von Stellensuchenden interessiert.

Und die Stellenvermittler?

Anders ist das bei Stellenvermittlern. Deren Geschäftsmodell besteht darin, «gute» Profile möglichst breit zu streuen, in der Hoffnung, dass einer ihrer Kunden anbeisst und die Person einstellt. Dann wird eine Vermittlungsprovision fällig.

Für Sie als Stellensuchende ist das ähnlich problematisch, wie wenn Sie selbst Ihr Dossier überall herumschicken würden: Es wirkt unprofessionell, und Sie verlieren sehr schnell die Kontrolle darüber, wo Sie überall herumgereicht werden. Das führt dann zum Beispiel zur Situation, dass Sie sich gut vorbereitet bei einer Firma bewerben und diese Ihr Dossier bereits von einem Vermittler zugeschickt bekommen hat. Deshalb sollten Sie im Kontakt mit Personalvermittlern unbedingt verlangen, dass Ihr Dossier nur mit Ihrem expliziten Einverständnis verschickt wird.

Gut mit den Profis zusammenarbeiten

Für eine Zusammenarbeit mit den Profis der Personalbeschaffung spricht, dass diese den Arbeitsmarkt oft gut kennen. Sie wissen, vor allem wenn sie auf bestimmte Branchen und Funktionen spezialisiert sind, wo Bedarf entstehen könnte, welche Firmen gute Arbeitgeber sind, welche Löhne in welchen Regionen gezahlt werden. In der Praxis hat sich folgendes Vorgehen bewährt:

- Seien Sie auffindbar! Gestalten Sie Ihren Auftritt so, dass Recherchierer und Rekrutierer von Personalberatungsunternehmen Sie finden und kontaktieren können (mehr dazu auf Seite 139). Hinter einer gezielten Suche und Ansprache steckt meist auch eine konkret zu besetzende Position.
- Reagieren Sie auf Stellenausschreibungen, die von Personalberatungen (verdeckt oder offen) im Auftrag von Unternehmen geschaltet werden. Stellen Sie telefonisch sicher, dass die Personalberatung ein Mandat für die Position hat und nicht einfach Lebensläufe einsammelt und weiterschickt. Nutzen Sie auch die Gelegenheit, bei einem Selektionsgespräch den Berater kennenzulernen. Wenn es bei der ausgeschriebenen Position nicht klappt, behält er vielleicht trotzdem einen guten Eindruck von Ihnen und berücksichtigt Sie für eine ähnliche Selektion.
- Berater sind auch Teil Ihres Netzwerks. Wenn Sie durch frühere Jobwechsel oder auch als Auftraggeber Kontakte in diese Branche haben, lohnt es sich, diese zu pflegen.

6

Bald am Ziel: Bewerbungsgespräche und Verhandlungen

Das Bewerbungsgespräch ist die Chance, Ihren künftigen Arbeitgeber kennenzulernen. Jetzt können Sie nochmals überprüfen, ob dies wirklich der richtige Platz für Sie ist. Und mit geschickter Verhandlungstechnik können Sie auch Ihre Interessen durchsetzen.

Bewerbungsgespräche

Das Bewerbungsgespräch – oder oft die Reihe von Gesprächen – ist ein Prozess des gegenseitigen Kennenlernens, bei dem beide Seiten herauszufinden versuchen, ob Ihre Wünsche mit denen Ihres potenziellen Arbeitgebers zusammenpassen. Betrachten Sie es nicht als einseitigen Verkaufsprozess!

Verstehen Sie das Bewerbungsgespräch – andere Bezeichnungen sind Jobinterview, Vorstellungsgespräch – als Gelegenheit, die Werte, die Kultur und die Geschäftsfelder der Firma kennenzulernen und herauszufinden, inwiefern Sie dort Ihre Fähigkeiten einsetzen können. Dem Interviewer bieten die Vorstellungsgespräche die Möglichkeit, zu eruieren, welchen Beitrag Sie für das Unternehmen leisten können und ob Sie zur Unternehmenskultur passen.

Unterschiedliche Formen

Wenn Sie eine Einladung zu einem Bewerbungsgespräch erhalten, erwartet Sie immer ein Gespräch. Dieses kann aber auf sehr verschiedene Arten ausgestaltet sein.

Strukturiertes Interview

Das strukturierte Vorstellungsgespräch läuft nach einer vorgegebenen Reihenfolge ab. Diese ist genau geplant, um möglichst viele Informationen über den Bewerber zu erhalten. Das ermöglicht dem Interviewer, die Kandidatinnen und Kandidaten gut miteinander zu vergleichen. Ein solches Interview läuft in der Regel nach folgendem Schema ab:

- Begrüssung, Small Talk (Anfahrt, Wetter und Ähnliches)
- Einleitung (kurze Firmenpräsentation, Zusammenfassung des gesuchten Profils)
- Arbeitserfahrungen
- Ausbildung
- Aktivitäten und Interessen

- Abriss der Stärken und Schwächen
- Stellenbeschreibung
- Fragen des Bewerbers
- Gesprächsschluss

Der geschulte Interviewer wird Sie zu 70 bis 80 Prozent der Zeit das Gespräch führen lassen und offene Fragen stellen, die sich auf Ihre bisherigen Leistungen konzentrieren. Durch aktives Schweigen (Nicken, zustimmende Kurzäusserungen) und Pausen wird er Sie ermutigen, möglichst ausführlich zu berichten. Er selbst wird nur sehr wenige genaue Informationen über die ausgeschriebene Stelle preisgeben, bis er Ihre Qualifikationen erfasst hat.

Nicht strukturiertes Interview
Diese Form unterliegt keiner vordefinierten Gliederung und ist informeller, offener. Oft sind die Interviewer weniger routiniert als bei einem strukturierten Interview. Das ist Ihre Chance, die Initiative zu ergreifen und das Gespräch zu führen, ohne dabei zu dominieren. Haben Sie sich gut vorbereitet, können Sie dem Gespräch eine Struktur geben und Ihre Gesprächspartner beeindrucken. Bedenken Sie dabei: Wer die Fragen stellt, leitet das Gespräch. Das können Fragen sein zur Zusammensetzung der Abteilung, zur Branche, zu Ihrem Vorgänger. Sie generieren so wichtige Informationen, die Ihnen im Verlauf des Bewerbungsverfahrens nützen können.

Aufeinanderfolgende Interviews
Solche Vorstellungsgespräche können sich über einen ganzen Tag oder auch über mehrere Tage erstrecken. Nacheinander werden Sie – oft entsprechend der Hierarchie – von Personalverantwortlichen, Abteilungsleitern, Kollegen und Teammitgliedern interviewt.

TIPP *Konzentrieren Sie sich jeweils auf Ihr Gegenüber und passen Sie sich seinem Stil an. Hören Sie aktiv und aufmerksam zu und geben Sie auf Ihren Gesprächspartner, Ihre Interviewerin abgestimmte Antworten. Häufig werden Sie dieselbe Frage mehrmals beantworten müssen. Kommentieren Sie dies nicht und zeigen Sie keine Ungeduld.*

Interview mit mehreren Gesprächspartnern

Bei diesen Vorstellungsgesprächen sitzen Sie mit mehreren Personen zusammen im selben Raum. Das Unternehmen spart so Zeit und erhält die Reaktionen mehrerer Personen gleichzeitig.

Ihre Aufgabe bei dieser Art von Vorstellungsgesprächen ist es, jedem Ihrer Gesprächspartner das Gefühl zu vermitteln, dass er Ihre ungeteilte Aufmerksamkeit erhält. Schauen Sie der Person, zu der Sie sprechen, in die Augen.

Präsentationsinterview

Bei einigen Unternehmen werden Sie gebeten, als Teil des Vorstellungsgesprächs eine Präsentation zu einem ausgewählten Thema zu halten. Anhand dieser Präsentation sollen Sie zeigen, wie natürlich und sicher Sie solche Auftritte bewältigen, und Ihr Know-how, Ihre Visionen und Ideen offenlegen.

Ist eine solche Art von Interview geplant, werden Sie in der Regel vorab informiert, sodass Sie sich entsprechend vorbereiten können. Falls Unklarheiten bestehen, fragen Sie unbedingt beim Unternehmen nach. Müssen Sie Annahmen treffen, deklarieren Sie diese gleich zu Beginn Ihrer Präsentation.

Skype-Interview und Videokonferenz

Dass die Arbeitswelt globaler geworden ist, merkt man auch daran, dass immer mehr Firmen dazu übergehen, Kandidaten per Skype oder Videokonferenz zu interviewen. Für das Unternehmen und für Sie spart das Zeit und Reisekosten. Ihnen bietet es ausserdem die Möglichkeit, das Gespräch in Ihrer vertrauten Umgebung zu führen. Allerdings sollten Sie – zusätzlich zu den anderen Vorbereitungsaufgaben für ein Bewerbungsgespräch (siehe Seite 197) – weitere Punkte berücksichtigen:

- Es ist Ihre Aufgabe, für eine optimale technische Infrastruktur zu sorgen. Achten Sie auf eine gute Internetverbindung und testen Sie, ob Ihr Headset (Kopfhörer, Mikro) und Ihre Webcam funktionieren.
- Testen Sie, wie Sie sitzen (Höhe, Abstand zum Bildschirm) und welche Kopfposition Sie einnehmen müssen, damit Sie auf dem Bildschirm natürlich wirken. Üben Sie das mehrmals!
- Sorgen Sie dafür, dass Ihr Hintergrund professionell wirkt. Sie können das Gespräch in der Küche oder im Schlafzimmer führen, aber der

Betrachter sollte primär Sie sehen, nicht das Gewürzregal im Hintergrund.

- Stellen Sie sicher, dass Sie während des Gesprächs nicht unterbrochen werden – weder von Ihrem Handy noch von Ihrer Familie.
- Ein Skype-Interview ist ein Bewerbungsgespräch. Ziehen Sie sich entsprechend an, auch wenn Sie es von Ihrem heimischen Computer aus führen.

Wer ist Ihr Interviewpartner?

In aller Regel werden Sie mehrere Gespräche führen, bis das Unternehmen einen Entscheid fällt. Jeder Ihrer Gesprächspartner wird Sie je nach seiner Rolle nach anderen Gesichtspunkten beurteilen. Es ist wichtig, dass Sie schon vor einem Vorstellungstermin wissen, wer jeweils Ihr Gesprächspartner sein wird.

TO DO: MEIN(E) GESPRÄCHSPARTNER

Klären Sie, wenn es nicht auf der Einladung zum Gespräch vermerkt ist, unbedingt vorher ab, wer Ihnen gegenübersitzen wird. Sie können sich nur sinnvoll vorbereiten, wenn Sie wissen, mit wem Sie sprechen werden und in welcher Rolle diese Person am Gespräch teilnimmt.

Personalberater

Personalberater verfügen über viel Erfahrung bei der Vorauswahl von Kandidaten und kommen deshalb meist schnell zu einer Entscheidung. Sie bevorzugen präzise, klar strukturierte Lebensläufe und können im Umgang sehr direkt, bisweilen auch abrupt sein. Ihr Ziel ist es, eine unpassende Stellenbesetzung zu vermeiden. Sie kennen die Kultur im Unternehmen, von dem sie den Auftrag haben, sowie die Chemie zwischen den Managern und können daher gut abschätzen, ob jemand ins Unternehmen passen würde.

Personalleiterin, Personalverantwortlicher
Der Personalverantwortliche ist meist mit der Vorselektion beauftragt. Im Interview interessieren ihn Ihr Werdegang, die Gründe für den Stellenwechsel, Ihre Persönlichkeit. Er ist normalerweise, zusammen mit der direkten Vorgesetzten, der wichtigste Interviewpartner.

Direkte Vorgesetzte
Ihre zukünftige Vorgesetzte, Ihr Chef ist fachlich versiert und spricht am liebsten über die Arbeit, die anfallenden Probleme und die Lösungen dafür. Er oder sie will erfahren, wie kompetent und professionell Sie sind und ob Sie ins Team passen: «Wird Herr Suter oder Frau Schärer mit dieser Person zurecht kommen?»

Gleichgestellte Kolleginnen, Teammitglieder
Sind gleichgestellte Kolleginnen und Teammitglieder involviert, ist ihr Hauptinteresse, herauszufinden, wie Sie sich ins Team einfügen werden und wo Ihre Fachkompetenzen im Vergleich zu den anderen Teammitgliedern liegen. Es kann Ihnen passieren, dass diese Gesprächspartner eine konkrete Arbeitssituation mit Ihnen besprechen wollen, um zu sehen, ob Sie etwas von der Sache verstehen.

Leitender Manager oder Entscheidungsträger
Diese Interviewer versuchen herauszufinden, ob und wie der Bewerber, die Kandidatin Probleme lösen und die anfallenden Arbeiten erledigen kann. Auch sie wird interessieren, ob Sie ins Team und zur Unternehmenskultur passen.

Firmenleiter, Firmengründer, Unternehmer
Er wird Ihnen häufig erzählen wollen, wie er das Unternehmen aufgebaut hat, und ist vor allem interessiert, herauszufinden, ob Sie in die Firmenkultur passen. Oft ist in solchen Intervies konzeptionelles Denken und ein Verständnis für das Gesamtbild gefragt. Unterstreichen Sie durch Fragen zur Geschichte der Firma und zur Unternehmensentwicklung Ihre Wertschätzung.

Das Bewerbungsgespräch vorbereiten

Die meisten Vorstellungsgespräche scheitern an der mangelnden Vorbereitung und nicht an den fehlenden Qualifikationen. Denn wenn Sie erst einmal zum Vorstellungsgespräch eingeladen werden, haben Sie Ihren potenziellen Arbeitgeber bereits von Ihren Qualifikationen überzeugen können. Jetzt hängt alles daran, ob Sie als Person überzeugen. Sie erhöhen Ihre Chancen um ein Vielfaches, wenn Sie sich gut vorbereiten und genau wissen, was Ihre Gesprächspartner suchen und welche Probleme bei Ihrer potenziellen Arbeitgeberin zu lösen sind.

TIPP *Bereiten Sie sich intensiv auf jedes Gespräch vor, auch wenn Sie schon mehrere Vorstellungsgespräche geführt haben. Ihre Vorbereitung sollte vier Themen beinhalten.*

Ihr Selbstmarketingspot

In den meisten Gesprächen werden Sie gebeten, etwas über sich selbst zu erzählen. Hier können Sie auf Ihren vorbereiteten Selbstmarketingspot zurückgreifen (siehe Seite 145). Stimmen Sie den Spot inhaltlich auf die Firma und die Aufgabe ab. Erzählen Sie chronologisch und nicht zu langfädig. Setzen Sie dann unmittelbar nach mit: «Ich hoffe, dass ich damit Ihre Frage beantwortet habe. Möchten Sie gern mehr erfahren?» Oder: «Möchten Sie, dass ich einige Punkte etwas ausführlicher behandle?» Halten Sie Ihre Antworten generell kurz und knapp und vermeiden Sie, sich in Details zu verlieren. Halten Sie Blickkontakt.

Das Produkt, also Sie

Gehen Sie noch einmal die Ergebnisse Ihrer Selbsteinschätzung durch, Ihre Erfolge und Fähigkeiten sowie die aus den Recherchen gesammelten Informationen und Ihren Lebenslauf. Vergleichen Sie das Profil der Position mit Ihrem eigenen Profil (Soll-Ist-Vergleich) und stellen Sie sicher, dass Sie für jede Sollanforderung über ein Beispiel aus Ihrer Berufslaufbahn verfügen (STARS, siehe Seite 81).

Das Unternehmen

Stellen Sie alle recherchierten Informationen zusammen. Dazu gehören zum Beispiel Hintergrundinformationen über das Unternehmen, über seine Konkurrenz bzw. die Branche. Ausserdem sollten Sie Informationen zum Funktionsbereich, zur Abteilung, für die Sie sich bewerben, und zum Gesprächspartner haben.

Ihre Fragen

Es gehört zur gründlichen Vorbereitung eines persönlichen Vorstellungsgesprächs, dass Sie sich Fragen überlegen, die Sie Ihrem Gesprächspartner stellen wollen. Dabei geht es um zwei Punkte: Sie sollen die Chance nutzen, Informationen als Grundlage für Ihren Entscheid zu erhalten. Und Sie sollen sich mit Ihrer professionellen Fragestellung profilieren. Scheuen Sie sich nicht, Ihre Fragen zu notieren und mit ins Gespräch zu nehmen. In bestimmten Phasen des Gesprächs können Sie den Fragenkatalog zur Hand nehmen und sich Notizen machen.

IHRE FRAGEN IM BEWERBUNGSGESPRÄCH

Natürlich hängen Ihre Fragen davon ab was Sie bereits wissen und was Sie noch wissen wollen. Grundsätzlich aber können Sie Fragen zu folgenden Themen stellen:

- Unternehmen: Aufbauorganisation, Prozesse, Anzahl Mitarbeitende, Umsatz etc.
- Kompetenzen und Verantwortungsbereich: Bedeutung der Stelle, Handlungsspielraum, Budget, Mitarbeitende
- Arbeitsbereich und Abgrenzung: Vorgesetzte, Zuständigkeiten, Kollegen
- Personalführung: Führungsleitsätze, Stellenbeschreibungen, Weiterbildungsmöglichkeiten
- Wirtschaftliche und finanzielle Lage des Unternehmens: zum Beispiel Auftragslage, Investitionspläne, Situation der Branche
- Arbeitsbedingungen: etwa Arbeitszeit, Kündigungsfristen, Ferien, Art des Arbeitsplatzes, Bezahlung und Nebenleistungen
- Ihr Vorgänger: Gründe für Wechsel, Dauer der Betriebszugehörigkeit, Ausbildung, Qualifikationen

Verschiedene dieser Fragen werden Sie allerdings nicht gleich im ersten Bewerbungsgespräch stellen, sondern erst, wenn der Bewerbungsprozess schon fortgeschrittener ist (siehe auch Tipp auf Seite 200).

Das erste Bewerbungsgespräch

Bei einem ersten Bewerbungsgespräch geht es aus Sicht des Unternehmens um eine Vorselektion. In der Regel werden dazu mindestens drei Kandidatinnen und Kandidaten eingeladen, oft sind es aber auch wesentlich mehr.

Der erste Eindruck

Die ersten zehn Sekunden entscheiden! Sie erhalten keine zweite Gelegenheit, einen guten ersten Eindruck zu machen. Daher sollten Sie besonders auf folgende Punkte achten:

- Ihre Kleidung sollte der Firmenkultur, in der Sie vorsprechen, angepasst sein. Allzu leger (Turnschuhe, Jeans) sollte sie selbst dann nicht sein, wenn Sie sich in einem sehr lockeren Unternehmen vorstellen. Natürlich können Sie später als Programmierer in Jeans arbeiten, vorstellen sollten Sie sich trotzdem nicht in Jeans. Wenn Sie unsicher sind, bleiben Sie eher konservativ – im Zweifelsfall immer einen Anzug bzw. ein Kostüm.
- Achten Sie auf einwandfreie Körperpflege und Hygiene (saubere Fingernägel, Deodorant, kein Mundgeruch, dezentes Parfum). Auf keinen Fall sollten Sie vor dem Gespräch noch schnell eine rauchen oder während des Gesprächs Kaugummi kauen.
- Ihre Energie und Motivation darf gern zum Vorschein kommen. Bleiben Sie in Ihrer Gestik aber natürlich. Vermeiden Sie es, in Ihrer Nervosität die Faust zu ballen, zu zappeln, sich zu kratzen oder mit irgendwelchen Objekten herumzuspielen, sei es ein Stift, Ihre Brille oder das Wechselgeld in der Hosentasche.

Ihr Auftreten

Sprechen Sie laut und verständlich und achten Sie auf die Reaktion Ihres Gegenübers, wenn es Ihre Stimme zum ersten Mal hört. Verschlucken Sie nicht die Satzenden, murmeln oder flüstern Sie nicht die letzten Worte vor sich hin. Jargon und Umgangssprache wie «Sie wissen schon, was ich meine» sind ebenso unangebracht wie sehr viele Ähs und Hms oder andere sprachliche Ticks.

Passen Sie sich der Dynamik des Gesprächspartners an und vermitteln Sie dementsprechend Enthusiasmus, Herzlichkeit oder Ernsthaftigkeit.

Bleiben Sie stets positiv, vermeiden Sie negative Themen und zeigen Sie keinerlei Abneigung.

TIPP *Vermeiden Sie Tabuthemen: Fragen Sie im ersten Gespräch nicht gleich nach dem Salär, den Ferien, den Arbeitszeiten, dem Personalrestaurant, einem Parkplatz, nach einem Home Office oder ob Sie Ihren Hund mitnehmen können.*

Gut kommunizieren

Passen Sie sich dem Stil und der Sprechgeschwindigkeit Ihres Gegenübers an. Antworten Sie geradeheraus und glaubwürdig – und nur, bis die Frage beantwortet ist. Ergehen Sie sich nicht in Details oder Anekdoten und schweifen Sie nicht vom Thema ab. Unterbrechen Sie Ihre Gesprächspartnerin auf keinen Fall bei ihren Ausführungen. Wenn Sie etwas nicht wissen, geben Sie es freimütig zu. Sollten Sie eine Frage nicht verstehen, fragen Sie nach und bitten Sie um Klarstellung. Hören Sie immer erst zu, bevor Sie sprechen, und denken Sie nach, bevor Sie den Mund auftun.

«Im Zusammensein mit einem Mann von Rang und Würden gibt es drei Verstösse: Reden, ehe er dich angesprochen hat – das ist vorlaut; nicht reden, wenn er dich angesprochen hat – das ist verschlagen; reden, ohne dabei seine Miene zu beobachten – das ist blind.»

Konfuzius

Auch wenn Sie schon viele Vorstellungsgespräche geführt haben und nach der Hälfte der Fragen zu wissen glauben, was Ihr Gegenüber von Ihnen wissen möchte, bemühen Sie sich, aufmerksam zuzuhören. Häufig unterscheiden sich die Fragen eben doch in Nuancen; durch eine vorschnelle Antwort wirken Sie unaufmerksam und hektisch. Antworten Sie auf die Fragen, die Ihnen wirklich gestellt werden, schweifen Sie nicht ab und reden Sie nicht endlos zu Themen, nach denen gar nicht gefragt wurde.

Hören Sie aufmerksam zu und halten Sie Blickkontakt. Geben Sie Ihre Aufmerksamkeit durch Kopfnicken und platziertes Lächeln zum Ausdruck. Unterbrechen Sie Ihre Gesprächspartnerin nicht. Ertragen Sie die Stille, wenn es die Situation erfordert und Sie oder Ihr Gegenüber nachdenken und etwas erwägen müssen. Korrigieren oder entkräften Sie nicht aus lauter Unsicherheit das vorab Gesagte, demonstrieren Sie Sicherheit, indem Sie abwarten.

TIPPS *Jedes erfolgreiche Verkaufsgespräch beginnt mit der Identifizierung der Käuferbedürfnisse. Versuchen Sie, Ihren Gesprächspartner zum Reden zu bringen – zum Beispiel mit offenen Fragen. Lassen Sie ihn die ausgeschriebene Stelle beschreiben und die Aufgaben des Unternehmens oder der Abteilung darlegen. Hören Sie aktiv und aufmerksam zu. Sie erhalten dadurch Anhaltspunkte, an die Sie später anknüpfen können.*

Achten Sie darauf, dass Sie den Namen und genauen Titel Ihres Gegenübers kennen. Und verwenden Sie den Namen im Gespräch immer wieder.

Stellen Sie Fragen und zeigen Sie damit, dass Sie eine echte Bereicherung für das Unternehmen wären. Sie schulden es sich selbst wie auch Ihrem zukünftigen Arbeitgeber, dass Sie sich ein genaues Bild davon machen, inwieweit das Unternehmen und die ausgeschriebene Stelle Ihre Bedürfnisse befriedigt und Ihre Erwartungen erfüllt.

PRAKTISCHE TIPPS FÜRS VORSTELLUNGSGESPRÄCH

- Nehmen Sie zum Gespräch Ihre Bewerbungsunterlagen mit, am besten in zweifacher Ausführung für den Fall, dass noch ein unerwarteter Gesprächspartner hinzukommt.
- Merken Sie sich die Namen Ihrer Gesprächspartner.
- Nehmen Sie eine Frageliste mit.
- Nehmen Sie etwas zum Schreiben mit!
- Erkunden Sie den Weg zum Unternehmen und planen Sie genügend Zeit ein.
- Legen Sie sich am Vorabend Kleidung zurecht, in der Sie sich wohlfühlen.

Heikle Fragen an Sie

Sie werden vermutlich mit einigen schwierigeren Fragen konfrontiert werden – zu Ihrem Werdegang, zu Ihrer aktuellen Situation oder zu Ihrem Verhalten. Ein paar Beispiele:

- Warum haben Sie so oft die Stelle gewechselt?
- Wer hat gekündigt, Sie oder Ihr Arbeitgeber?
- Wann wurde Ihnen gekündigt?
- Warum suchen Sie schon so lange?

- Warum sind Sie so lange beim alten Arbeitgeber geblieben?
- Warum haben Sie das Studium abgebrochen?
- Warum haben Sie nie eine Weiterbildung gemacht?
- Warum wurde Ihnen intern keine andere Stelle angeboten?
- Wie war Ihr Verhältnis zu Ihrem letzten Vorgesetzten?
- Haben Sie noch andere Angebote?

Einige dieser Fragen treffen Sie möglicherweise an einem wunden Punkt oder erscheinen Ihnen unangebracht. Fassen Sie solche Fragen aber niemals als persönlich oder verletzend auf. Es ist allemal besser, wenn Ihr Gegenüber offen fragt, als wenn es stillschweigend womöglich negative Rückschlüsse zieht. So haben Sie die Chance, unklare Punkte in Ihrem Lebenslauf zu erklären. Tun Sie dies möglichst ehrlich, offen und kurz. Vermeiden Sie weitschweifige Erklärungen oder gar Entschuldigungen. Und bereiten Sie auch die Antworten auf solche Fragen vor und üben Sie vorgängig!

UNZULÄSSIGE FRAGEN

Es gibt auch Fragen, die Sie nicht beantworten müssen bzw. bei deren Beantwortung Sie nicht die Wahrheit sagen müssen. Insbesondere sind das Fragen nach einer Schwangerschaft und nach Ihrer Partei- oder Religionszugehörigkeit – es sei denn, es besteht ein Zusammenhang zur angestrebten Stelle. Wenn Sie sich bei einer kirchlichen Organisation bewerben, müssen Sie selbstverständlich über Ihre religiöse Ausrichtung Auskunft geben. Reagieren Sie aber etwa auf die Frage nach Ihrer Familienplanung nicht beleidigt – «Diese Frage ist nicht erlaubt.» –, sondern konziliant: «Im Moment ist diesbezüglich nichts geplant, jetzt konzentriere ich mich erst einmal auf den Job.» ■

Das erste Gespräch nachbearbeiten

Wenn Sie das erste Gespräch im Unternehmen erfolgreich absolviert haben, sollten Sie es, falls Sie weiterhin Interesse an der Position haben, seriös nachbearbeiten. Setzen Sie sich zuerst, möglichst schriftlich, damit auseinander, was gut und was schlecht gelaufen ist. Einige dieser Überlegungen betreffen die Atmosphäre des Gesprächs: Wie war das Gesprächsklima? Hat sich die Atmosphäre im Lauf des Gesprächs verändert? Wenn ja, an welchem Punkt des Gesprächs? Wie haben Sie sich gefühlt?

Aber auch die Inhalte des Gesprächs sind wichtig: Welche Fragen wurden gestellt? Wo waren Sie unsicher? Wie überzeugend waren Sie? Wo möchten Sie gern etwas nachtragen oder richtigstellen? Sind noch weitere Fragen aufgetaucht?

TIPPS *Bedanken Sie sich nach dem Erstgespräch unbedingt per E-Mail oder auch per Telefon. Geben Sie eine kurze Beschreibung Ihrer Wahrnehmung, drücken Sie aus, was Ihnen besonders gefallen hat, und sagen Sie, dass Sie sich weiterhin sehr für die Position interessieren und sich auf ein nächstes Gespräch freuen.*

Geben Sie auch ein kurzes telefonisches oder schriftliches Feedback, wenn Sie nach dem Erstgespräch kein Interesse mehr an dem Unternehmen haben. Bedanken Sie sich trotzdem für das Gespräch.

Falls Sie nach dem Erstgespräch einen ablehnenden Bescheid erhalten, fragen Sie immer nach, woran es gelegen hat. Sie können daraus wichtige Informationen für Ihre weiteren Vorstellungsgespräche bekommen!

Das zweite Bewerbungsgespräch

Ziel eines Jobinterviews ist es, im Bewerbungsverfahren einen Schritt weiterzukommen. In aller Regel ist der nächste Schritt ein zweites Gespräch mit den Vertretern des Unternehmens: Nach dem Erstgespräch ist vor dem Zweitgespräch!

Immer wieder gehen Bewerber, die das erste Interview erfolgreich absolviert haben, unvorbereitet oder zu locker ins Zweitgespräch. Sie denken, dass ihnen der Job jetzt schon sicher sei und sie nur noch hingehen würden, um die Anstellungsbedingungen zu erfahren und den Vertrag zu unterschreiben. Dem ist natürlich nicht so. Im Zweitgespräch werden weitere Entscheidungsgrundlagen gesammelt und die bisherigen Eindrücke validiert. Meist werden mindestens drei Bewerberinnen und Bewerber zu einem Zweitgespräch eingeladen.

Das Zweitgespräch erfordert also eine ebenso gründliche Vorbereitung wie das Erstgespräch! Setzen Sie sich mit folgenden Fragen auseinander:

- Passe ich wirklich ins Unternehmen und auf die Stelle? Erfülle ich die Anforderungen?
- Stimmt das Gesamtpaket?
- Was muss ich noch dazu lernen (zum Beispiel firmenspezifische Tools oder auch eine Zusatzausbildung, um die Position auszufüllen)?
- Ist die Stelle für mindestens drei bis fünf Jahre interessant?
- Entspricht die Stelle meinen Werten, Kompetenzen und Neigungen, wie ich sie in der Standortbestimmung definiert habe?
- Woran werde ich gemessen?

Zeigen Sie Ihr Interesse

Es ist wichtig, dass Sie sich auch beim zweiten Mal aktiv präsentieren. Man soll zudem erkennen, dass Sie sich mit der Firma und der Aufgabe intensiv auseinandergesetzt haben. Wenn es noch keine konkrete Stellenbeschreibung gibt, können Sie selber einen Entwurf erstellen. Damit zeigen Sie, dass Sie sich ernsthaft interessieren und vom ersten zum zweiten Gespräch einen Entwicklungsschritt gemacht haben. Manchmal ist eine Stelle erst oberflächlich definiert und es ist noch nicht sicher, ob sie bereits zu diesem Zeitpunkt besetzt werden soll. Wenn der potenzielle Arbeitgeber sieht, dass Sie wirklich etwas können und einen Mehrwert bieten, wird er sich leichter entscheiden und Ihnen die Stelle offerieren.

Ihre Chancen auf einer Weiterführung des Bewerbungsverfahrens steigen, wenn Sie Kompetenz, Interesse und Engagement zeigen und den Eindruck hinterlassen, dass Sie mindestens drei bis fünf Jahre lang mit dieser Stelle zufrieden sein werden und sie als Entwicklung sehen. Sicher nicht zielführend ist die Frage nach weiteren Entwicklungsoptionen in der Firma. Niemand will eine Mitarbeiterin, die schon von der übernächsten Stelle träumt. Allerdings möchte auch niemand einen «Sesselkleber», der bloss ein ruhiges Plätzchen bis zur Pensionierung sucht. Dieser Eindruck sollte also genauso wenig entstehen.

Wann können Sie anfangen?

Im zweiten Gespräch wird meist auch das Eintrittsdatum besprochen. Machen Sie sich dazu Gedanken! Auch wenn Sie bereits einige Zeit suchen oder vom alten Arbeitgeber freigestellt sind, sollten Sie vor dem Antritt der neuen Stelle Ferien machen, denn die Zeit der Jobsuche ist meist emotional belastend. Es lohnt sich, die neue Stelle ausgeruht und entspannt anzutreten. Nur so haben Sie genügend Energie, erfolgreich und mit Lust zu starten und sich einzuarbeiten.

Assessment

In einigen Fällen, insbesondere bei Kaderpositionen, machen Unternehmen ihren endgültigen Entscheid davon abhängig, ob Sie erfolgreich ein Assessment absolvieren – andere Bezeichnungen sind AC oder Assessment-Center. Werden Sie zu einem Assessment eingeladen können Sie davon ausgehen, dass das Unternehmen ernsthaft an Ihrer Bewerbung interessiert ist.

Normalerweise delegieren Unternehmen ein Asssessment an eine darauf spezialisierte Firma. Dort wird die Beurteilung üblicherweise von (mindestens) zwei Personen durchgeführt. Nach Abschluss erstellen diese beiden Assessoren einen Bericht zuhanden des Auftraggebers. Sie als Bewerber oder Bewerberin haben ein Anrecht darauf, Einsicht in das Gutachten, das über Sie geschrieben wird, zu erhalten. Seriöse Assessmentfirmen bieten Ihnen zudem ein qualifiziertes mündliches Feedback an.

So läuft ein Assessment ab

Ein sinnvolles, das heisst wirklich aussagekräftiges Assessment, dauert mindestens einen halben Tag, idealerweise aber einen ganzen Arbeitstag. In der Regel erhalten Sie Vorbereitungsaufgaben, die Sie vor dem Assessment einreichen müssen. Das kann ein handschriftlicher Text als Grundlage für ein graphologisches Gutachten sein, oder Sie werden aufgefordert Ihre Berufswünsche und die angestrebte berufliche Laufbahn zu skizzieren. Oft werden Sie vorgängig auch online ein Präferenz- und Eignungsverfahren bearbeiten müssen.

Das Assessment selbst setzt sich in der Regel aus folgenden Elementen zusammen:

- eine kurze Präsentation, zum Beispiel zu Ihrer Person
- ein längeres (strukturiertes) Interview
- ein bis zwei Rollenspiele, zum Beispiel ein schwieriges Mitarbeitergespräch)
- Bearbeitung einer oder mehrerer Fallstudien
- manchmal ein Intelligenztest

Eine Vorbereitung auf das Assessment ist nicht sinnvoll. Es gibt zu viele Verfahren und Tests, als dass Sie alle vorher üben könnten. Und es ist auch nicht wirklich zielführend, weil Sie ja in einem Assessment nicht irgendeine Rolle spielen, sondern möglichst authentisch sein sollen.

TIPP *Gehen Sie ausgeruht hin. Schiessen Sie nicht gleich los mit den Aufgaben, sondern lesen Sie die Instruktionen genau. Und fragen Sie lieber nochmals nach, um sicher zu sein, dass Sie alles richtig verstehen.*

Was bringt ein Assessment?

Assessments haben einen hohen prognostischen Wert. Wenn zwei Personen sich einen Tag lang mit Ihnen beschäftigen und anerkannte diagnostische Verfahren einsetzen, ist die Wahrscheinlichkeit gross, dass Ihre Persönlichkeit gut erfasst und beschrieben wird. Diese Beschreibung soll Sie und die Firma dabei unterstützen, einen guten Entscheid, eine gute Wahl zu treffen.

Bei einem Assessment geht es nicht darum, Sie grundsätzlich als Person zu qualifizieren, sondern immer um den Vergleich der Anforderungen der zu besetzenden Stelle mit dem, was der Bewerber, die Bewerberin mitbringt. Die Frage lautet: Passen Stelle und Bewerber zusammen? Die Aussage: «Ich war in einem Assessment und habe nicht bestanden», ist also falsch. Ein Assessment kann man nicht bestehen oder nicht bestehen.

TIPP *Nutzen Sie – unabhängig davon, wie das Assessment ausfällt – das Angebot eines qualifizierten Feedbacks, um zu erfahren, wie Sie wahrgenommen werden!*

Verhandlungen führen

Über Geld redet man nicht. In den Gesprächen, die Sie mit Ihrer künftigen Arbeitgeberin führen, muss das aber sein. Alles, was Sie jetzt nicht mit in die Verhandlung einbringen, werden Sie längere Zeit nicht mehr ansprechen können. Also verkaufen Sie sich nicht unter Wert!

Während Ihrer beruflichen Neuorientierung können Sie vor unterschiedlichen Entscheidungen stehen: ein Angebot annehmen, zwischen mehreren Angeboten auswählen, ein Angebot ausschlagen und andere Möglichkeiten ausloten bzw. weitersuchen. Um die richtige Entscheidung zu treffen, vergleichen Sie die angebotene Position (oder die angebotenen Positionen) mit Ihren Kriterien für ein ideales Arbeitsumfeld. Bietet die neue Stelle wirklich das, wonach Sie suchen?

Wenn für Sie grundsätzlich das meiste stimmt, werden Sie entweder zu einem Angebot einfach Ja sagen müssen – oder es gibt noch eine Verhandlungsphase, in der die Details des Anstellungsvertrags definiert werden. Oft werden Angebote per Telefon gemacht. Das ist okay, wenn das Angebot Ihre Erwartungen erfüllt. Wenn es aber zu einer Nachverhandlung kommt, versuchen Sie wenn immer möglich, diese in einem persönlichen Gespräch zu führen. Es ist dann einfacher, den Verhandlungspartner einzuschätzen.

Im Bewerbungsprozess gibt es verschiedene Signale, an denen Sie erkennen können, dass die formellen Vertragsverhandlungen bevorstehen oder beginnen:

- Das Vorstellungsgespräch dauert länger als vorgesehen: Sie werden von Ihrer Verhandlungspartnerin als ernsthafter Kandidat eingeschätzt.
- Sie werden zu einem zweiten oder dritten Vorstellungsgespräch eingeladen.
- Sie werden von jedem Teammitglied einzeln interviewt oder man lädt Sie ein, ein Assessment zu durchlaufen.
- Ihre Gesprächspartner fangen an, Sie von den Vorzügen der Firma zu überzeugen.

- Die Entscheidungsträger sprechen Ihr Salär an, fragen nach Ihren bisherigen Gehaltsvereinbarungen und Gehaltsvorstellungen.
- Die Gesprächspartnerin fragt nach Ihren Referenzen und/oder spricht über eine ärztliche Eintrittsuntersuchung.

Was wird verhandelt?

In den meisten Verhandlungen ist die Höhe des Grundgehalts das wichtigste Thema für beide Seiten. Kompetent verhandeln können Sie nur, wenn Sie genau wissen, wo der Markt liegt. Berücksichtigen Sie die steuerlichen und lokalen Aspekte. Unterschiede in den Lebenshaltungskosten können die Kaufkraft einer auf den ersten Blick attraktiven Vergütung empfindlich verringern (und umgekehrt).

Verhandlungsgegenstand können aber auch alle anderen Punkte in Ihrem Anstellungsvertrag sein (siehe Kasten).

CHECKLISTE VERTRAGSBESTANDTEILE

- Art des Vertrags: Mitarbeiter, Kader
- Vertragsdauer: unbefristet, befristet, Probezeitregelung
- Arbeitszeit: flexible Arbeitszeit, Home Office
- Starttermin
- Position, Aufgaben, Verantwortungsbereich mit Rechten und Pflichten, Titel
- Gehalt einschliesslich der variablen Teile wie Bonus, Prämien, Aktien, Spesenregelung, Firmenauto
- Spezielle Zusatzleistungen wie Übernahme der Umzugskosten, Parkplatz, GA, Halbtax-Abo
- Aus- und Weiterbildung, firmenintern oder Beteiligung an Kosten
- Ferien, Überzeit
- Sozialleistungen: Pensionskasse, Unfallversicherung, Lohnfortzahlung bei Krankheit oder Tod, freiwillige soziale Leistungen
- Regelung bei Beendigung des Anstellungsverhältnisses, Kündigungsfristen
- Konkurrenzverbot
- Vertraulichkeitsverpflichtungen

Grundregeln für Ihre Vertragsverhandlungen

Führen Sie Vertragsverhandlungen nur, wenn Sie ernsthaft an der Stelle interessiert sind. Niemand schätzt es, seine Zeit mit Scheinverhandlungen zu verschwenden. Reizt Sie die Stelle nicht, sollten Sie spätestens nach dem zweiten Interview absagen und nicht etwa Verhandlungen führen, um Ihren Marktwert zu testen.

Sprechen Sie wichtige Punkte früh an. Wenn Sie beispielsweise für sich definiert haben, dass Sie nicht mehr als ein bis zwei Tage pro Woche geschäftlich unterwegs sein wollen oder dass Sie nicht umziehen werden, sollten Sie dies bald kundtun. Bringen Sie solche Forderungen erst zu einem fortgeschrittenen Zeitpunkt an, wirken sie wie Hinderungsgründe. Und wenn Sie immer wieder ein weiteres Problem aufwerfen, nimmt die Verhandlungsbereitschaft der anderen Seite deutlich ab. Strukturieren Sie Ihre Punkte: beispielsweise nach finanziellen Aspekten, Geschäftsreise, Arbeitsaufgaben, Lebensstil etc. Damit erleichtern Sie es beiden Seiten, die einzelnen Punkte konsequent abzuarbeiten.

EIN BEWERBER KANDIDIERT parallel zur Stellensuche auch für den Gemeinderat. Ein potenzieller Arbeitgeber kann dazu zwei Haltungen einnehmen: Ein Gemeinderat in der Firma verstärkt die lokale Vernetzung und ist gut fürs Image. Oder aber: Ein politisches Amt absorbiert zu viel Energie und Zeit, als dass der Bewerber die Position noch sinnvoll ausfüllen könnte. So oder so, der Arbeitgeber muss diese Absicht früh in den Verhandlungen erfahren, sonst fühlt er sich über den Tisch gezogen.

Eine offene, vernünftige und ehrliche Gesprächsführung ist für den Verhandlungserfolg ebenso entscheidend wie Flexibilität. Treffen Sie keine – potenziell falschen – Annahmen über das, was die andere Partei will oder denkt. Fragen Sie! Nehmen Sie die Haltung «miteinander, nicht gegeneinander» ein. In den meisten Fällen werden Sie die Verhandlungen mit Ihrem zukünftigen Vorgesetzten führen. Bemühen Sie sich um ein angenehmes Gesprächsklima und einen konstruktiven Dialog. Die Art, wie Sie heute verhandeln, bestimmt vielleicht Ihre künftige Zusammenarbeit.

Auch hier: Die gute Vorbereitung zählt

Die meisten Menschen zählen das Führen von Verhandlungen nicht zu ihren Stärken. Eine gute Vorbereitung hilft und führt zum Erfolgserlebnis.

Ihre Forderungen sollten auf Ihrem fachlichen Hintergrund und Ihren Kenntnissen der Branche, des Unternehmens und des Standorts beruhen. Informieren Sie sich über Bedingungen (Salär, Versicherungen, Nebenleistungen) für vergleichbare Positionen in der Branche und Region. Am schnellsten erhalten Sie diese Informationen über Ihr Netzwerk. Unterscheiden Sie zwischen zwingenden Forderungen und willkommenen Extras. Zwingende Forderungen können zum Beispiel sein: ein Mindest-Grundgehalt, eine solide Pensionskasse, ein zumutbarer Arbeitsweg, gute Bedingungen für Weiterbildung. Nehmen Sie zusätzlich einige Punkte mit in die Verhandlung, über die Sie sich freuen würden, bei denen Sie aber bereit sind, sie für eine Einigung zu «opfern» – verlängerte Ferien beispielsweise, ein Geschäftshandy, ein GA oder Beiträge an die Mitgliedschaft in Berufsverbänden.

«Es ist Unsinn, Türen zuzuschlagen, wenn man sie angelehnt lassen kann.»
James William Fulbright, amerikanischer Politiker

Machen Sie sich auch die Bedürfnisse des Unternehmens bewusst: Wie sehen Sie Ihre Stärken in Bezug auf den Markt? Wie dringend benötigt Sie diese Firma? Sind Sie der einzige Bewerber? Wie lange ist die Stelle schon vakant? Verfügen Sie über seltene Fertigkeiten, oder bietet der Markt ausreichend Mitbewerber, die zu anderen Konditionen antreten würden?

TIPPS *Beide Vertragsparteien gehen gern aus den Verhandlungen mit dem Gefühl, eigene Anliegen erreicht zu haben. Streben Sie solche Win-Win-Situationen an! Wenn Sie beispielsweise beim Salär Einbussen in Kauf nehmen müssen, kann Ihnen die Möglichkeit eines Home-Office-Tags pro Woche dies vielleicht ausgleichen.*

Richten Sie sich auch darauf ein, das Angebot abzulehnen. Für den Fall, dass die Verhandlungen nicht nach Ihren Erwartungen verlaufen und das Endangebot Ihre Schmerzgrenze überschreitet, sollten Sie bereit sein, die Stelle auszuschlagen. Wenn nicht, haben Sie keine starke Verhandlungsposition.

Jürg Scherrer

Leiter HR Produktion & Netze, Axpo Services AG

Was raten Sie Menschen über 50, die sich auf dem Arbeitsmarkt neu bewähren müssen?

Mit zunehmendem Lebensalter gewinnt das persönliche Netzwerk an Bedeutung. Es ist daher sehr wichtig, dieses über die eigene Situation zu informieren. Verschiedene Outplacement-Anbieter bieten zudem die Gelegenheit, in einen Dialog mit anderen Firmen zu treten. Dies gilt es zu nutzen. Darüber hinaus ist es für Mitarbeitende über 50 noch wichtiger als für jüngere, die eigenen Stärken gezielt anzubieten. So ist es kaum erfolgversprechend, sich auf Stellenangebote zu bewerben, die den Fokus auf die Eigenschaften Jüngerer richten – selbst wenn die berufliche Qualifikation passen würde.

Wie können Berufstätige mit 50 plus ihre Fähigkeiten aktuell halten?

Neben der kontinuierlichen Weiterbildung sind die persönliche Einstellung und geistige Flexibilität der Schlüssel für eine anhaltende Eignung für den Arbeitsmarkt. Die Bereitschaft, Neues zu lernen, die Freude an Veränderungen und Herausforderungen sowie eine gesunde Portion Neugierde sind Grundvoraussetzungen dafür.

Welche Stärken bringen ältere Mitarbeitende in eine Belegschaft ein?

Ältere Mitarbeitende bringen einen grossen Erfahrungsschatz ein, nicht nur auf fachlicher Ebene, sondern auch hinsichtlich der «weichen Faktoren». Die meisten mussten sich schon in verschiedensten Situationen und Rollen bewähren. Dadurch sind sie breit einsetzbar und können ihre jüngeren Kollegen bei neuen Herausforderungen unterstützen. Zudem ist die Loyalität Älterer sicherlich ein Vorteil für einen Arbeitgeber. Mitarbeitende über 50 bilden einen wichtigen Eckpfeiler für eine stabile Belegschaft und erlauben einen geordneten Wissenstransfer innerhalb des Unternehmens.

Ihr Start am neuen Arbeitsplatz

Mit dem neuen Job schliesst sich der Kreis. Sie haben in Ihrer Bewerbungskampagne Höhen und Tiefen erlebt und Sie haben einiges über sich gelernt. Dieses Wissen sollten Sie ganz bewusst mit in den neuen Job und in die neue Umgebung nehmen.

Der erste Arbeitstag an einer neuen Stelle ist für die meisten Menschen aufregend: ein neuer Arbeitsweg, neue Kollegen, eventuell neue Mitarbeitende, ein neue Aufgabe! Wahrscheinlich kommen da neben aller Vorfreude auch gemischte Gefühle auf: Werde ich alles richtig machen? Verstehe ich die Spielregeln? Bin ich richtig angezogen? Doch jetzt hilft nur eins: die Nerven behalten und darauf vertrauen, dass Ihr Umfeld Verständnis zeigen wird, falls mal ein Patzer passiert.

Die erste Woche

Die erste Woche an einem neuen Arbeitsplatz ist wie der erste Eindruck bei einem Gespräch: Gelingt sie, stehen alle Türen offen! Einige Punkte sollten Sie dabei beachten.

Pünktlichkeit
Gerade weil es so selbstverständlich erscheint, aber trotzdem oft schiefgeht: Informieren Sie sich über die Anfahrtswege und -zeiten, um pünktlich zu erscheinen. Vergegenwärtigen Sie sich: Alles ist ungewohnt für Sie. Es gibt noch keine Routine. Sie müssen neue Strecken fahren, deren Verkehrsbelastung Sie noch nicht abschätzen können. Fahren Sie rechtzeitig los oder nehmen Sie in den ersten Wochen einen früheren Zug.

Ihr Selbstmarketingspot
In der Regel werden Sie am ersten Tag – beziehungsweise in den ersten Tagen – vielen neuen Menschen begegnen. Sie werden der Geschäftsleitung vorgestellt, lernen Ihre Kolleginnen und Kollegen kennen, und wenn Sie eine Führungsposition inne haben, werden Sie mit Ihren neuen Mitar-

beiterinnen und Mitarbeitern bekannt gemacht. In diesen Situationen kommt erneut Ihr auf die Situation angepasster Selbstmarketingspot zum Einsatz.

ICH MÖCHTE MICH GERN VORSTELLEN. Meine Name ist Urs Ruckstuhl und ich bin der neue Verkaufsleiter. Die letzten Jahre habe ich bei der Firma Müller gearbeitet, die den Bereich, für den ich tätig war, ins Ausland verkauft hat. Da die Produktpalette, die ich vertreten habe, auch für dieses Unternehmen interessant ist, kam es schnell zu einem Vertrag. Ich freue mich riesig auf die neue Aufgabe! Privat habe ich Familie, zwei Mädchen, neun und elf Jahre alt, und mache in meiner Freizeit Orientierungslauf. Ich werde am Anfang noch eure Unterstützung brauchen und fragen, wenn ich etwas nicht verstehe! Vielen Dank jetzt schon für eure Geduld!

Gerade in diesen ersten Tagen geht es darum, sich gut zu verkaufen und von der besten Seite zu präsentieren. Sie bewerben sich erneut – um die Gunst und die wohlwollende Einschätzung Ihrer Umgebung. Zeigen Sie Ihre menschliche Seite. Sprechen Sie, wenn Sie sich vorstellen, auch persönliche Dinge an. So bestimmen Sie selber, worüber die Leute reden, wonach man Sie fragt, und Sie geben Gesprächsthemen vor, die allen Beteiligten helfen, die erste Unsicherheit zu überwinden. Erzählen Sie ruhig etwas von Ihren Hobbys, von Ihrer Familie, von Ihren persönlichen Interessen.

TIPP *Sprechen Sie auch über Ihre Schwächen. Zum Beispiel so: «Sie werden es sowieso sehr schnell feststellen, daher will ich es Ihnen gleich sagen: Manchmal bin ich etwas detailversessen. Bitte sehen Sie es mir nach, und weisen Sie mich ruhig darauf hin. Ich weiss, dass nicht immer alles so perfekt gemacht werden muss.» Indem Sie über eine Schwäche reden, ist das Thema bereits behandelt. Sie erscheinen selbstkritisch und erzeugen mit Ihrer Ehrlichkeit Vertrauen.*

CHECKLISTE FÜR DIE ERSTEN 100 TAGE

- Um sich in die neue Aufgabe einzufinden, brauchen Sie Fingerspitzengefühl und Augenmass. Jede Art von Besserwisserei demotiviert Ihre Umgebung und schadet Ihrer Glaubwürdigkeit.
- Das Herstellen persönlicher Kontakte im Unternehmen ist für jeden neuen Mitarbeitenden wichtig – insbesondere auch für Führungskräfte. Suchen Sie die Begegnung, vermeiden Sie aber, einzelne Gesprächspartner zu bevorzugen.
- Analysieren Sie Ihren Verantwortungsbereich und setzen Sie sich realistische, kurz- und mittelfristige Ziele. Stimmen Sie Ihre Vorhaben mit Ihren Vorgesetzten ab, bevor Sie loslegen!
- Sprechen Sie nicht von früheren Erfolgen in Ihrer alten Firma und machen Sie auch nicht die dortigen Verhältnisse schlecht. Vermeiden Sie Formulierungen wie: «Bei uns war das aber so», oder: «In meiner Firma haben wir das immer so gemacht.» Diese Zeiten sind vorbei, jetzt ist «Ihre Firma» das Unternehmen, in dem Sie soeben Ihre Tätigkeit aufgenommen haben.
- Sicher hat das Unternehmen hohe Erwartungen an Sie, gerade wenn Sie für eine Führungsposition eingestellt wurden. Sie sollen neue Ideen einbringen, die Dinge vorantreiben. Dennoch gilt für den Anfang: Bremsen Sie Ihren Elan und verschaffen Sie sich erst durch aktives Zuhören und gute Fragestellung das notwendige Hintergrundwissen über das Beziehungsgeflecht im Unternehmen und die Erwartungen Ihrer Kollegen und Mitarbeitenden.
- Seien Sie nicht beunruhigt, wenn Probleme auftauchen, von denen Sie vor Ihrem Eintritt nichts wussten. Das ist völlig normal – Ihre eigenen Beobachtungen sind wertvoller als jede noch so vollständige Vorinformation.
- Geben Sie Ihren Kollegen und Mitarbeitenden das Gefühl, dass Sie sie respektieren und brauchen. Gibt es jemanden, der oder die sich durch Ihre Einstellung übergangen fühlt? Dann sollten Sie diese Person in die Verantwortung einbeziehen.
- Haben Sie den Mut, falsche Entscheidungen zu korrigieren. Wenn wichtige Zusatzinformationen oder neue Erkenntnisse Sie dazu veranlassen, Dinge anders zu beurteilen oder Entscheide zu korrigieren, brauchen Sie keinen Gesichtsverlust zu befürchten. Es wird als Stärke angesehen, wenn Sie zu Ihren Fehlern stehen.
- Wenn es darum geht, mit dem Vorgesetzten die Vorgaben für die Probezeit oder das kommende Jahr auszuhandeln, zeigen Sie Initiative und Kreativität. Ziele, an denen Sie am Ende der Probezeit oder im Verlauf des nächsten Jahres gemessen werden, sollten Sie unbedingt selbst mitdefinieren.

Die ersten 100 Tage

Gerade in der ersten Zeit steht «der Neue», «die Neue» im Mittelpunkt des Interesses und der gespannten Erwartungen. Da kommt es darauf an, dass Sie sich geschickt verhalten. Wie Sie in der nebenstehenden Checkliste sehen, geht es um vielfältige Themenbereiche.

Als neuer Kollege, neue Kollegin haben Sie den Vorteil, dass Sie die Dinge unvoreingenommen sehen, weil Sie noch nicht betriebsblind sind. Dies ist Ihre Chance, Ansätze zu erkennen, wie sich Abläufe ökonomischer gestalten, Handlungen rationeller abwickeln lassen. Allerdings liegt hier auch eine Gefahr: Sie könnten versucht sein, zu schnell zu handeln, bevor Sie die Rahmenbedingungen und die Hintergründe kennen, weshalb in diesem Unternehmen die Dinge genauso gemacht werden, wie sie gemacht werden. Solange Sie sich dieser Gratwanderung bewusst sind, nach dem Motto leben «Gutes bewahren, Schwachstellen verbessern» und dabei behutsam und offen mit Ihren Kollegen und Mitarbeitenden umgehen, werden Sie gut ankommen.

TO DO: ERSTE PRIORITÄTEN

Probieren Sie Folgendes aus: Bitten Sie Ihren Chef, Ihre Chefin in den ersten Tagen, fünf Dinge zu notieren, die Sie als Erstes tun sollten. Notieren sie selber ebenso fünf Dinge, von denen Sie meinen, dass Sie diese zuerst angehen sollten. Vergleichen Sie die Listen. Seien Sie nicht verblüfft, wenn kaum mehr als zwei Punkte übereinstimmen. Jetzt können Sie die Prioritäten miteinander richtig vereinbaren.

Vom Umgang mit Vorgesetzten

Einen Chef, eine Vorgesetzte haben alle Angestellten – auch Führungskräfte werden von jemandem geführt. Und auch hier gilt: Die Basis, die Sie zu Beginn schaffen, trägt Sie im besten Fall durch Ihre gesamte Arbeitstätigkeit in diesem Unternehmen. Es ist also wichtig, dass Sie auf der Sach- und auf der Beziehungsebene einen guten Kontakt zu Ihrem Chef, Ihrer Vorgesetzten finden. Darum gilt:

- Suchen Sie nach den Faktoren, die den Chef für Sie sympathisch machen, nach Dingen, die Sie an ihm respektabel und bewundernswert finden. Wenn Sie sich auf die negativen Aspekte konzentrieren, spürt er es, und das wird Ihnen und Ihrer Beziehung schaden.
- Bestätigen Sie Ihren Chef, loben Sie ihn, wenn es gerechtfertigt ist. Geben Sie ihm recht, wenn er recht hat.
- Hören Sie Ihrer Vorgesetzten zu und vergewissern Sie sich, dass Sie ihre Erwartungen, Wünsche, Ziele, Anforderungen und Anweisungen richtig und vollständig erfasst haben.
- Bereiten Sie sich auf Gespräche mit Ihrer Chefin gründlich vor. Erweisen Sie sich als interessanter Gesprächspartner, von dessen Gesprächsbeiträgen sie persönlich profitieren kann.
- Fragen Sie Ihre Vorgesetzte um Rat, aber haben Sie Ihren eigenen Standpunkt. Vertreten Sie diesen mit guten Argumenten.
- Stören Sie Ihren Chef nicht, wenn er wenig Zeit hat, aber haben Sie immer Zeit, wenn er Sie braucht. Überzeugen Sie ihn mit Einsatz, Initiative, Persönlichkeit und Leistung.
- Stellen Sie sich auf den persönlichen Stil Ihrer Vorgesetzten ein, auf deren Arbeitsstil, Kommunikationsstil, Organisationsstil, Problemlösungsstil.

7

Beratung und Unterstützung – Ihre Reisebegleiter

Es gibt ein umfassendes Beratungsangebot im Bereich der beruflichen Neuorientierung. Die Experten in diesem Bereich sind Outplacement-Anbieter, aber für Teilaspekte einer beruflichen Neuorientierung empfehlen sich auch Angebote der öffentlichen Hand oder von Privaten. In diesem Kapitel erfahren Sie etwas über diesen Markt und erhalten Informationen zu Anbietern, Nutzen und Kosten.

Wer bietet Beratung an?

Für Stellensuche und berufliche Neuorientierung gibt es ganz unterschiedliche Angebote, zum Teil von Privatunternehmen, zum Teil von der öffentlichen Hand. Immer häufiger werden auch die Dienste von Outplacement-Unternehmen in Anspruch genommen – nicht nur für oberste Kaderleute.

Die Angebote an Beratungsdienstleistungen im Bereich der beruflichen Neuorientierung sind sehr heterogen. Dies liegt auch daran, dass man den Schwerpunkt der Beratung sehr unterschiedlich setzen kann: Einige Anbieter spezialisieren sich auf die Krisenintervention im Moment des Stellenverlustes, andere beraten vor allem im Bereich der Standortbestimmung, wieder andere erstellen Lebensläufe und Bewerbungsschreiben und einige bieten einen umfassenden Beratungsprozess an. So ist es manchmal gar nicht so einfach, sich klar zu werden, welche Art Beratung man überhaupt sucht, und dann noch den richtigen Anbieter zu finden.

RAV – die Regionalen Arbeitsvermittlungszentren

Die Regionalen Arbeitsvermittlungszentren (RAV) sind spezialisiert auf die Bereiche Arbeitsmarkt, Stellenvermittlung und Arbeitslosigkeit. Zurzeit gibt es schweizweit ca. 130 RAV. Sie unterstützen Stellenlose einerseits bei der Jobsuche, arbeiten anderseits aber auch als Drehscheibe zu Unternehmen und sind so eine riesige Stellenvermittlungsplattform.

Die RAV unterstützen Sie mit regelmässigen Beratungsgesprächen. Angesichts der grossen Anzahl Mandate, die RAV-Beratende zu betreuen haben, hat diese Dienstleistung allerdings Grenzen. Ihre Beraterin wird mit Ihnen Ihren Bedarf an sogenannten arbeitsmarktlichen Massnahmen erheben: Das können zum Beispiel Kurse sein, etwa in Bewerbungstechnik oder im Umgang mit der heutigen IT-Welt, eine Laufbahnberatung oder die Mitarbeit in einem Programm für vorübergehende Beschäftigung.

Wenn Sie Anspruch auf Arbeitslosenentschädigung haben, erfüllen Sie grundsätzlich auch die Bedingungen für eine Teilnahme an arbeitsmarktlichen Massnahmen. Haben Sie noch keinen Anspruch auf Arbeitslosenentschädigung – zum Beispiel, weil Sie noch in der Kündigungsfrist beim alten Arbeitgeber unter Vertrag sind –, können Sie unter Umständen dennoch unterstützt werden. Ob eine Massnahme angebracht und sinnvoll ist, entscheidet Ihre RAV-Beraterin. Sie können aber auch in eigener Initiative ein Gesuch um Teilnahme an einer Massnahme einreichen.

TIPP *Eine Broschüre über arbeitsmarktliche Massnahmen, können Sie downloaden unter www.treffpunkt-arbeit.ch (→ Publikationen → Broschüren → Info-Service für Arbeitslose → Arbeitsmarktliche Massnahmen: Ein erster Schritt zur Wiedereingliederung)*

Häufig beanspruchte arbeitsmarktliche Massnahmen von Stellensuchenden über 50 sind zum Beispiel:

- Einarbeitungszuschüsse – die Arbeitslosenversicherung übernimmt einen Teil des Lohnes während bis zu zwölf Monaten
- Pendler- und Wochenaufenthalterbeiträge
- Programme zur vorübergehenden Beschäftigung
- Förderung der selbständigen Erwerbstätigkeit
- Kurse, zum Beispiel Sprach-, IT- oder Firmengründungskurse

Öffentliche Berufs- und Laufbahnberatung

Die Kantone bieten Berufs- und Laufbahnberatungen an, die sich nicht nur an Jugendliche richten, sondern auch an Erwachsene, die sich verändern wollen, an Erwerbslose und Wiedereinsteigerinnen. Alle Angebote finden sich unter www.berufsberatung.ch. Koordiniert werden die Aktivitäten der Kantone vom Schweizerischen Dienstleistungszentrum für Berufsbildung (www.sdbb.ch).

Auch auf städtischer Ebene bietet sich die Möglichkeit für eine Laufbahnberatung. Das Laufbahnzentrum der Stadt Zürich zum Beispiel ist mit 120 Mitarbeitenden eines der grössten Kompetenzzentren für Berufs- und Laufbahnfragen in der Schweiz. Angeboten wird Unterstützung im Berufswahlprozess, bei Aus- und Weiterbildungsfragen oder eben bei einer beruflichen Neuorientierung (alle Informationen unter www.stadt-zuerich.ch → im Suchfeld «Laufbahnberatung» eingeben).

In einer Erstberatung werden Ihre berufliche Situation sowie die Schwerpunkte und Ziele der Beratung festgelegt. Diese Erstberatung dauert maximal eine Stunde und kostet für Personen mit Wohnsitz im Kanton Zürich 80 Franken (Stand 2015). Im Anschluss werden Folgeberatungen angeboten, die je nach Bedarf auch Eignungs- und Präferenztests umfassen. Diese Beratungen werden mit 170 Franken pro Stunde verrechnet. Auch in den anderen Kantonen gibt es ähnliche Angebote.

TIPP *Die Leistungen der öffentlichen Berufsberatung können Sie auch in Anspruch nehmen, wenn Sie arbeitslos sind. Zuerst sollten Sie das aber mit Ihrer RAV-Beraterin besprechen. Falls das RAV die Beratung unterstützt, fallen für Sie keine Kosten an.*

Zum Beispiel: Bewerbungscheck für Erwachsene im Berufsinformationszentrum (BIZ)
Beim Berufsinformationszentrum in Zürich können Sie mit Ihren Bewerbungsunterlagen vorbeikommen und erhalten von einer Beratungsperson Feedback und Tipps zu Ihrem Dossier. Es stehen 15 Minuten pro Person zur Verfügung, die Beratung ist kostenlos.

TIPP *In anderen Städten gibt es vergleichbare Angebote. Recherchieren Sie diese im Internet mit den Stichworten «BIZ», «Berufsinformationszentrum» oder «Städtische Laufbahnberatung».*

Private Beratungsangebote

Es gibt eine grosse Anzahl Berufs- und Laufbahnberater, die ihre Dienste anbieten. Diese Fachleute sind in verschiedenen Verbänden organisiert:

- Adressen von Berufsberatern finden Sie beim **Fachverein Freischaffender Berufsberaterinnen und Berufsberater** (ffbb). Der ffbb ist eine Vereinigung von freiberuflich tätigen, professionellen Fachleuten für Berufsberatung, Studienberatung und Laufbahnberatung mit einem breiten, individuellen Angebot. Alle dem Verein angeschlossenen Beraterinnen und Berater verfügen über einen eidgenössisch anerkannten Abschluss in Berufs- und Laufbahnberatung. Auf der Website des Vereins (www.ffbb.ch) finden Sie eine Adressliste aller Vereinsmitglieder, deren Angebot und die Konditionen, nach Kanton geordnet. Der Verein empfiehlt seinen Mitgliedern Beratungstarife zwischen 170 und 200 Franken pro Stunde. Abweichungen sind je nach Regionen und Zielgruppen möglich.

- Der **Schweizerische Berufsverband für Angewandte Psychologie** (SBAP) ist einer der Psychologenverbände in der Schweiz. Er vergibt einen Fachtitel in Berufs-, Studien- und Laufbahnberatung als Weiterbildung zu einem abgeschlossenen Fachhochschulstudium in Psychologie. Mitglieder des Verbands finden Sie unter www.sbap.ch.
- Die **Föderation Schweizer Psychologinnen und Psychologen** (FSP) vergibt ebenfalls einen Fachtitel für Laufbahn- und Personalpsychologie. Hier sind die Voraussetzungen ein universitäres Psychologiestudium und die entsprechende Weiterbildung. Die Namen solcher Fachpsychologinnen und Fachpsychologen in Ihrer Region finden Sie unter www.psychologie.ch.

Auf den Datenbanken dieser Verbände können Sie die Spezialisten für Berufs- und Laufbahnberatung in Ihrer Region herausfiltern und sich anschliessend auf den Websites dieser Berater selbst kundig machen, wer welchen Schwerpunkt hat und welche Erfahrung ausweist. Bevor Sie sich in einen Beratungsprozess begeben, sollten Sie die Möglichkeit haben, den Berater, die Beraterin unverbindlich kennenzulernen. Denn Vertrauen und Sympathie spielen eine wichtige Rolle für den Erfolg einer Beratung (mehr zur Beraterauswahl finden Sie auf Seite 229 und 234).

Auf Neuorientierung spezialisiert: die Outplacement-Beratung

Die Spezialisten im Bereich der beruflichen Neuorientierung sind die Outplacement-Unternehmen. Outplacement-Beratung unterscheidet sich von den anderen Angeboten dadurch, dass Sie umfassend und durchgehend während Ihrer gesamten Neuorientierung und Stellensuche begleitet und beraten werden. Eine Outplacement-Beratung beginnt in der Regel unmittelbar nach der Kündigung und endet erst, wenn Sie sich beim neuen Arbeitgeber eingelebt haben.

Outplacement unterscheidet sich allerdings auch dadurch, dass die Kosten für eine Outplacement-Beratung normalerweise vom ehemaligen Arbeitgeber übernommen werden. Es ist also eine Business-to-Business-Dienstleistung und weniger eine Beratung, die Sellensuchende selbst «einkaufen».

Wer bekommt ein Outplacement?

Ob jemand ein Outplacement bekommt, hängt wesentlich davon ab, wie ein Unternehmen generell mit dem Thema Trennung von Mitarbeitenden umgeht. Einige Unternehmen bieten bei einer Trennung schon lange Outplacement-Unterstützung an und haben klare Regeln, welche Mitarbeitenden ein Outplacement bekommen. Ob und wie lange jemand von dieser Dienstleistung profitieren kann, hängt meist vom Alter und/oder von der Betriebszugehörigkeit und/oder von der Kaderstufe ab. Manche Unternehmen greifen nur in bestimmten Härtefällen auf Outplacement zurück und wieder andere bloss in Einzelfällen.

TIPP *Manchmal geht die Initiative für eine Outplacement-Beratung auch vom Betroffenen selbst aus. Je nach Unternehmen und Situation kann es also sinnvoll sein, um Unterstützung nachzufragen. Auch wenn Sie über eine Austrittsvereinbarung verhandeln, kann ein Betrag für Outplacement-Beratung ein Thema sein.* *Mehr zur Outplacement-Beratung finden Sie auf Seite 232.*

Stefan Preier

HR-Verantwortlicher, Maxon Motor-Gruppe

Was raten Sie Menschen über 50, die sich auf dem Arbeitsmarkt neu bewähren müssen?

Entscheidend für uns ist, dass Mitarbeitende offen und lernfähig bleiben. Je fundierter ihr Wissen, je ausgeprägter die Erfahrung und je grösser die Lernbereitschaft und die Offenheit für Neues, desto grösser die Chance, eine neue Arbeitsstelle zu finden. In der Zentralschweiz ist dies dank des technologieaffinen Umfelds gut möglich.

Wie können Berufstätige mit 50 plus ihre Fähigkeiten aktuell halten?

In einem technologisch geprägten und sich schnell verändernden Umfeld wie bei Maxon ist es zwingend, dass Mitarbeitende sich ständig on the Job weiterbilden. Austausch und Weiterbildung finden nicht nur am Hauptsitz in Sachseln statt, sondern auch in unseren Produktionsstätten in Deutschland, Ungarn und Südkorea. So führen wir zum Beispiel jedes Jahr einen mehrtägigen Workshop im Bereich Marketing und Sales mit über 120 Teilnehmenden aus aller Welt durch. Dies ist eine der besten Formen, um beruflich auf Topniveau zu bleiben. Auch verfügen wir über ein umfangreiches internes Weiterbildungsprogramm und betreiben eine eigene Maxon-Academy.

Welche Stärken bringen ältere Mitarbeitende in eine Belegschaft ein?

Gerade im Bereich Forschung und Entwicklung ist es entscheidend, dass sich «junge Wilde» und «alte Hasen» austauschen können. Die Kombination der grossen Erfahrung älterer Techniker und Ingenieure mit der Neugier und Dynamik jüngerer Fachkräfte ist eine fast unschlagbare Mischung. Wir sind dabei sehr flexibel und beschäftigen Mitarbeitende auch nach ihrer Pensionierung weiter. Wir bezeichnen dies als gelebte Innovation.

Was bringt Beratung?

Grundsätzlich sind Sie in der Lage, Ihre Probleme allein anzugehen. In besonderen Situationen jedoch kann externe Unterstützung helfen, einen klaren Blick zu behalten, und die Problemlösung beschleunigen. Sie müssen ja nicht alle Fehler selbst machen!

Mithilfe dieses Ratgebers können Sie Ihre berufliche Neuorientierung strukturiert und selbständig angehen. Trotzdem spricht einiges dafür, eine externe Begleitung und Beratung anzunehmen. Insbesondere dann, wenn die Trennung unerwartet war, Sie eine nicht ganz geradlinige Laufbahn hatten und es aufgrund des Strukturwandels kaum noch vergleichbare Stellen gibt. Auch wenn Sie schon zweimal oder öfter die Stelle wegen Schwierigkeiten mit dem Vorgesetzten oder dem Team verloren haben, bietet sich eine externe Beratung an.

Krisenintervention, Know-how und mehr – vielfältige Unterstützung

Der Nutzen einer externen Begleitung bei einer Neuorientierung ist abhängig von der individuellen Ausgangslage. Einige profitieren am ehesten von der praktischen Unterstützung bei den Stellenbewerbungen und in intensiven Interviewtrainings, andere brauchen Begleitung, um die Kränkung der Kündigung zu überwinden, gehen dann aber allein auf den Arbeitsmarkt.

Krisenintervention

Der Verlust des Arbeitsplatzes stürzt viele Menschen in eine Krise. Wird jemand in dieser Situation allein gelassenen, besteht oft die Gefahr, dass er oder sie gerade am Anfang viel Zeit und Energie in die falschen Aktivitäten steckt (siehe auch Seite 39). Eine Begleitung in dieser Phase hilft, den Bemühungen eine klare Struktur zu geben. Übertriebener Aktionismus, aber auch Ängste und Verdrängungstendenzen werden offen angesprochen und bearbeitet.

Ideal ist es, wenn diese Unterstützung unmittelbar nach der Kündigung einsetzt. Das hilft bei der Verarbeitung des Kündigungsschocks und unterstützt bei der notwendigen Trauerarbeit. So können Betroffene die Ablösung meist schneller bewältigen und sich sinnvoll auf etwas Neues ausrichten.

EINE BETROFFENE ERZÄHLT: «Die Beratung war sehr nützlich. Sie hat mir vor allem am Anfang geholfen, den Verlust des Arbeitsplatzes zu relativieren. Sie kommt einer seelischen Begleitung gleich und bringt einen dazu, sofort wieder aktiv zu sein, bevor man in das berühmte schwarze Loch abgleiten kann. Geholfen hat mir, dass ich mich ‹aufgehoben, aufgefangen, angenommen, willkommen› fühlte. Man wird als Mensch in seiner schwierigen Situation respektiert und akzeptiert.»

Know-how zum aktuellen Arbeitsmarkt

Wenn Sie sich professionell beraten lassen, haben Sie die Gewissheit, dass Sie Ihren beruflichen Wiedereinstieg mit aktuellen Kenntnissen über den Arbeitsmarkt starten. Gerade wenn Sie viele Jahre immer in demselben Unternehmen gearbeitet haben und sich entsprechend lange nicht mehr beworben haben, fehlen Ihnen das nötige Wissen und die Übung. Natürlich können Sie sich dieses Wissen auch selber aneignen; Sie sparen aber viel Zeit und Energie, wenn Sie es von Arbeitsmarktexperten präsentiert bekommen.

Feedback und Standortbestimmung

In der Beratung erhalten Sie neutrales, offenes Feedback zu Ihrer Person und zu Ihrer Vorgehensweise. Das klingt banal, kommt im betrieblichen Alltag aber sehr oft zu kurz. Viele Mitarbeitende werden entlassen und haben bereits seit Jahren keine konkreten, ehrlichen Rückmeldungen zu ihrer Leistung, ihrem Verhalten und Auftreten bekommen. Die jährlichen Zielvereinbarungs- und Standortgespräche sind in manchen Unternehmen mehr Pflicht als Kür und werden möglichst rasch abgehakt. Viele, gerade langjährige Mitarbeiter wissen deshalb überhaupt nicht, wie sie kommunizieren und auftreten und wie sie auf an-

«Es ist eine grosse Dummheit, allein klug sein zu wollen.»

François de La Rochefoucauld, französischer Schriftsteller

dere wirken. Wenn auch Sie in einer solchen Situation sind, erhalten Sie in der Beratung ein – notwendiges – Fremdbild. Das verhilft Ihnen zu einer klaren Einschätzung von sich selbst, von Ihren Stärken, aber auch von Ihrem Entwicklungsbedarf.

Eine solche Standortbestimmung ist die Basis für eine Neuorientierung und es ist wesentlich leichter, diese mit einem Sparringpartner vorzunehmen als allein. Professionelle Beratungsunternehmen verfügen über die Methodik und die Tools – zum Beispiel psychodiagnostische Präferenz- und Eignungstests –, um Sie optimal zu unterstützen. Auch wird es Ihnen leichter fallen, sich den Themen der Neuorientierung zu stellen, wenn Sie ein Gegenüber haben, das konstruktive und auch mal kritische Fragen stellt.

Entlastung und Einbezug der Familie

Ihre Neuorientierung ist nicht nur für Sie, sondern auch für Ihr unmittelbares Umfeld eine Belastung. Auch Ihr Partner, Ihre Partnerin und Ihre Kinder machen sich Sorgen über die Zukunft. Und Sie selber erwarten, dass Ihr Umfeld für Sie da ist. Diese Situation kann zu einer Überforderung des gesamten Familiengefüges führen.

Eine externe Begleitung bringt auch da Entlastung: Sie haben einen Gesprächspartner, der Sie unterstützt und Interesse zeigt, aber selbst nicht betroffen ist. Auch hilft es, wenn der Partner, die Partnerin punktuell mit in die Beratung kommen, denn auch er oder sie ist betroffen.

Praktische Unterstützung

Kaderleute, aber auch Fachexperten werden oft von einem Outplacement-Unternehmen beraten. Dann gehört zur Beratung auch die Möglichkeit, Bürodienstleistungen in Anspruch zu nehmen: beispielsweise einen Arbeitsplatz in den Räumen des Beratungsunternehmens, Sekretariatsdienste, Zugriff auf Bücher, Zeitschriften und Datenbanken. So verfügen Sie weiterhin über eine gewisse Infrastruktur. Und fast noch wichtiger: Sie gehen quasi in eine neue Arbeitssituation über und können so das unangenehme Gefühl vermeiden, «auf der Strasse» zu stehen.

EIN BETROFFENER ERZÄHLT: «Besonders am Anfang habe ich die Regelmässigkeit und die Struktur geschätzt. Ich wollte lieber Urlaub machen, wurde aber angehalten, dem Prozess zu folgen, was rückblickend vollkommen in Ordnung war. Ich glaube, dass ich die Zeit der Neuorientierung eher als Prozess denn als Arbeitslosigkeit empfunden habe. Ich denke, die Beratung hat der Angelegenheit etwas Normales verliehen.»

Voraussetzungen für erfolgreiche Beratung

Beratung ist immer etwas Aktives, eine Interaktion zwischen dem Berater, der Beraterin und Ihnen. Diese Interaktion kann nur gelingen, wenn auch auf Ihrer Seite bestimmte Voraussetzungen erfüllt sind.

Vertrauen

Eine Beratung kann nur zielführend sein, wenn Sie Vertrauen in die Kompetenz und die Persönlichkeit Ihres Beraters, Ihrer Beraterin haben. Spüren Sie Zweifel, empfiehlt es sich eher, einen weiteren Berater kennenzulernen, als in einer emotional sowieso schon belastenden Situation noch Energie in die Kommunikation mit einer Person zu investieren, die Ihnen nicht liegt.

TIPP *Fragt man Klientinnen und Klienten von Outplacement-Unternehmen, welches Element für sie am wichtigsten war, schwingen zwei Punkte weit oben aus: die Kompetenz (83,3 Prozent) und die Persönlichkeit (85 Prozent) des oder der Beratenden (die vollständigen Ergebnisse einer langjährigen Studie finden Sie unter www.outplacement.ch). Achten Sie also unbedingt darauf, dass die Beziehung zu Ihrer Beratungsperson tragfähig ist.*

Beratungsbereitschaft

Damit eine Beratung gelingen kann, müssen Sie bereit und willens sein, sich beraten zu lassen, und den Sinn darin erkennen. Es gibt verschiedene Gründe für fehlende Beratungsbereitschaft: Manche Menschen nehmen ungern Hilfe an: «Ich kann mir doch selbst eine Stelle suchen – ich brauche keine Hilfe.» Oder sie haben Vorurteile: «Ich brauche keine Unterstützung, ich bin doch nicht krank.» Manche haben auch das Gefühl, die Beratung sei eine Art tiefenpsychologischer Prozess, in dem sie sich seelisch entblättern müssten. Sehr oft haben Betroffene zudem den Eindruck, die Beratungsfirma stehe auf der Seite des ehemaligen Arbeitgebers, und verhalten sich deshalb ablehnend.

Meist reicht es, sachlich den zu erwartenden Nutzen der Beratung aufzuzeigen, damit jemand erkennt, dass es hier um eine echte Hilfestellung geht. Wenn aber die Gründe für die Ablehnung auch nach einem Gespräch mit der zukünftigen Beraterin nicht beseitigt sind, dann macht eine «erzwungene» Beratung keinen Sinn.

TIPP *Beratung bei der beruflichen Neuorientierung ist Hilfe zur Selbsthilfe, der Berater kann nicht im Alleingang Ihre Probleme lösen. Passivität im Sinn von «ich bin arbeitslos, jetzt suchen Sie mal eine Stelle für mich» ist nicht zielführend. Und Beratende, die Versprechungen dieser Art machen, sind unseriös und nutzen Ihre Hilflosigkeit aus.*

Arbeitsfähigkeit

Eine weitere Voraussetzung für eine erfolgreiche Beratung ist grundsätzlich Arbeitsfähigkeit. Wenn Sie aus irgendeinem Grund nicht arbeitsfähig sind, dann sind Sie auch nicht fähig zur Stellensuche. Erst wenn Sie der Arzt als arbeitsfähig einstuft, kann ein sinnvoller Beratungsprozess starten. Denn stellenlos ist nicht arbeitslos – die Arbeit an der Neuorientierung braucht viel Kraft, Zeit und Energie. Auf der anderen Seite kann eine Auseinandersetzung mit der Zukunft den Gesundungsprozess auch beschleunigen. Dies gilt vor allem für Menschen, die sich – zum Beispiel nach einem Burn-out – im Übergang von der Krankheit zur Gesundheit befinden.

OUTPLACEMENT

Den Arbeitsplatz auf Lebenszeit gibt es nicht mehr. Je alltäglicher Veränderung auf dem schweizerischen Arbeitsmarkt ist, desto grösser ist sowohl auf der Seite der Unternehmen als auch auf der Seite der Betroffenen das Bedürfnis nach einer fachgerechten Unterstützung in den Themen Trennung und Neuorientierung. Die Dienstleistung Outplacement ist entstanden, um diesem wachsenden Bedürfnis nach einer Professionalisierung von beruflichen Trennungen und Neuorientierungen Rechnung zu tragen. Sie hat ihre Wurzeln in den USA, wo es darum ging, den aus dem Zweiten Weltkrieg zurückkehrenden Soldaten die Wiedereingliederung ins zivile Leben zu ermöglichen.

In der Schweiz tauchte das Thema Outplacement erstmals Anfang der 80er-Jahre auf. Outplacement – andere Begriffe sind Newplacement oder Bestplacement – wird von spezialisierten Beratungsunternehmen angeboten.

Wer ist Auftraggeber?

Eine Outplacement-Beratung wird normalerweise von Ihrem bisherigen Arbeitgeber finanziert. Unternehmen tun dies, weil auch sie eine Interesse daran haben, dass eine Trennung möglichst konfliktfrei verläuft. Wer zahlt, bestimmt!? Dieser Ansatz ist in einem Outplacement nicht richtig. Wenn Ihre Firma Ihnen ein Outplacement bezahlt, heisst das nicht, dass sie damit auch das Recht erwirbt, in irgendeiner Form auf den Beratungsprozess einzuwirken. Die Beratungsfirma verpflichtet sich zwar, dem Unternehmen regelmässig Bericht über den Prozess der Beratung zu erstatten. «Prozess der Beratung» bedeutet jedoch bloss Angaben wie: Der Klient kommt in die Beratung, arbeitet an seiner Standortbestimmung, bewirbt sich, hat erste Interviews, ist in Vertragsverhandlungen. Die Inhalte der Beratung hingegen sind absolut vertraulich. Der alte Arbeitgeber erfährt nichts über Ihre Befindlichkeit, über angestrebte Ziele, über Firmen, die in der engeren Wahl stehen, über Namen von Unternehmen oder Personen, mit denen Verhandlungen geführt werden.

Beratungsumfang und Kosten

Ein Outplacement ist eine umfassende Dienstleistung, die folgende Elemente enthalten sollte:

- Intensive Einzelberatung (mindestens einmal pro Woche) durch eine von Ihnen gewählte Beratungsperson, die Sie durch den ganzen Prozess begleitet
- Fundierte Standortbestimmung mit einer diagnostischen Präferenz- und Eignungsabklärung
- Bewährte, nachvollziehbare Methodik («Werkzeugkasten»)
- Zugang zu aktuellen Wirtschafts- und Jobdatenbanken sowie Businessnetzwerken
- Büroinfrastruktur (Sekretariat, Arbeitsplatz etc.)
- Regelmässig Weiterbildungsveranstaltungen zu Themen der Neuorientierung
- Trainings in Kleingruppen (zum Beispiel, um Interviews und Netzwerkgespräche zu üben)

Diese umfassende, individuelle Dienstleistung hat ihren Preis. Ein Outplacement kostet rund 10 000 Franken oder mehr; die Beratung und Unterstützung dauert drei Monate oder auch länger. Ein Outplacement ist also ausdrücklich nicht eine wenige Stunden umfassende Kurzberatung, sondern ein längerer Prozess, in dem ein Schritt auf dem anderen aufbaut. Neuorientierungen können bis zu einem Jahr in Anspruch nehmen.

Qualität der Beratung

In vielen Fällen wählt Ihr ehemaliger Arbeitgeber das Beratungsunternehmen aus, mit dem er zusammenarbeitet. Oft erhalten Sie aber auch die Adressen verschiedener Unternehmen, um dann selbst zu entscheiden, mit wem Sie zusammenarbeiten wollen. Vier Aspekte sollten Sie zur Beurteilung der Qualität einer Outplacement-Beratung beachten.

Kompetenz der Beratungsfirma

Die Kompetenz eines Beratungsunternehmens erkennen Sie zunächst daran, ob Outplacement *die* Kernkompetenz ist. Bietet eine Firma mehrere Dienstleistungen im Personalbereich an, ist die Gefahr gross, dass die Expertise für Outplacement nicht wirklich vorhanden ist oder dass sich die verschiedenen Dienstleistungen in einem Zielkonflikt befinden, der Ihnen schadet (zum Beispiel Outplacement und Personalvermittlung). Auch sollte das Unternehmen ausreichend Erfahrung mitbringen, das heisst bereits einige Jahre am Markt tätig sein, und über erfahrene Beratungspersonen verfügen. Ein gutes Unternehmen kann jederzeit Referenzen angeben, also ehemalige Klienten, die bereit sind, Auskunft zu geben.

Weitere Kriterien für die Kompetenz der Firma sind die Anzahl, Konstanz und Breite (unterschiedliche Profile bezüglich Branche, Hierarchiestufe, Alter, Geschlecht, Sprachkompetenz) der Beratenden. Prüfen sollten Sie auch, ob eine Infrastruktur für die Klienten vorhanden ist, ob regelmässig qualitativ hochstehende Workshops und Trainings angeboten werden und ob ein Netzwerk von Spezialisten, etwa in den Bereichen Recht, Pensionskasse, Selbstständigkeit, zur Verfügung steht.

Kompetenz und Rolle der Beratenden

Die Kompetenz der Beraterinnen und Berater ist vermutlich das wichtigste Kriterium für Sie. Bei der Auswahl spielen sowohl fachliche wie auch persönliche Kompetenzen eine Rolle. Zu den fachlichen Kompetenzen gehört ganz sicher der berufliche Werdegang: Eine Outplacement-Beraterin sollte über langjährige Berufserfahrung und auch über Führungs- und Managementerfahrung verfügen. Um Ihnen eine echte Sparringpartnerin zu sein, muss sie Ihren Hintergrund sowie die Spielregeln der Arbeitswelt und des Arbeitsmarkts verstehen. Ausserdem sollte sie neben der Beratungstätigkeit entweder aktiv andere Aufgaben für das Unternehmen wahrnehmen (zum Beispiel Kundenkontakt) oder ein weiteres berufliches Standbein haben. Den ganzen Tag beraten kann niemand! Zudem kann sich qualifizierte Beratung nicht nur aus vergangenen Berufstätigkeiten speisen, sondern braucht ständig aktuelle Kenntnisse und Informationen aus der Wirtschaft. Fragen Sie daher Ihren potenziellen Berater auch, wie viele Personen er parallel berät.

Neben den fachlichen Kenntnissen sollte ein Berater über methodische Beratungskompetenz verfügen sowie über Coaching-Kompetenzen und über psychologisches Know-how. Und natürlich ist es auch wichtig, dass Ihr Berater Ihnen sympathisch ist und Sie sich in seiner Gegenwart wohlfühlen.

Qualität der Methode

Outplacement ist ein nachvollziehbarer, strukturierter Prozess und kann plausibel erklärt werden. Eine seriöse Beratungsfirma ist also in der Lage, ihr Vorgehen aufzuzeigen. Auch sollte sichergestellt sein, dass alle Beratenden mit der gleichen Methodik arbeiten und dass diese Methodik zum Beispiel in Form eines Handbuchs oder von Arbeitsblättern dokumentiert ist, sodass Sie selber damit arbeiten können. Ein weiterer Hinweis auf die Qualität der Methodik ist, dass die Firma über statistisches Material zu den von ihr betreuten Klienten verfügt: Wie hoch war die Erfolgsquote? Wie lang die durchschnittliche Suchdauer? Wie der Stellenwert der erreichten Positionen?

Qualität der Infrastruktur

Ein Outplacement-Unternehmen wird Ihnen ermöglichen, in seinen Räumen zu arbeiten. Dies kann hilfreich sein, wenn Sie daheim nicht über eine adäquate Infrastruktur verfügen oder häufig gestört werden. Auch wird man Sie mit Sekretariatsleistungen unterstützen, zum Beispiel bei der Gestaltung Ihres Lebenslaufs, beim Einscannen von Unterlagen oder Erstellen von PDFs. Ebenfalls zur Infrastruktur gehört der Zugang zu verschiedenen Recherchetools (siehe Seite 163), zu Fachzeitschriften, zu einer Bibliothek.

Sehr wichtig ist zudem, dass das Beratungsunternehmen zusätzlich zur individuellen Einzelberatung regelmässig Weiterbildungsveranstaltungen und Trainings organisiert. Einerseits brauchen Sie die Gelegenheit, einzelne Schritte in einem kleinen Rahmen zu üben, anderseits hilft es, sich mit anderen Menschen in gleicher Situation auszutauschen und zu vernetzen.

Anhang

Weiterführende Links

Literatur

Stichwortverzeichnis

Weiterführende Links

Beratung

www.berufsberatung.ch
Website der kantonalen Berufsberatungen

www.budgetberatung.ch
Dachorganisation von 34 Beratungsstellen in der Schweiz (unterschiedliche Trägerschaften)

www.ffbb.ch
Fachverein freier Berufsberater

www.outplacement.ch
Website Dr. Nadig + Partner AG, Zürich

www.psychologie.ch
Föderation Schweizer Psychologinnen und Psychologen (FSP)

www.sbap.ch
Schweizerischer Berufsverband für Angewandte Psychologie

www.sdbb.ch
Schweizerisches Dienstleistungszentrum für Berufsbildung

www.sko.ch
Schweizer Kader Organisation SKO, Kompetenzzentrum für Führungskräfte aller Branchen

www.treffpunkt-arbeit.ch
Website des Seco mit umfassenden Informationen für Stellenlose

Recherchen und Arbeitsmarkt

www.bfs.ch
Bundesamt für Statistik

www.die-unternehmen.ch
KMU-Datenbank

www.gesundheitsfoerderung.ch
Stiftung für Gesundheitsförderung und Prävention (Träger Kantone und Versicherungen)

www.handelszeitung.ch/top
Firmenlisten auf dem Portal der Handelszeitung

www.kof.ethz.ch
KOF Konjunkturforschungsstelle der ETH Zürich

www.kompass.ch
Internationale B2B-Suchmaschine

www.swissdox.ch
Medien- und Medienbeobachtungsdatenbank

www.verbaende.ch
Überblick über die Verbände in der Schweiz

www.zefix.ch
Datenbank des Schweizerischen Handelsregisters

Weiterbildung

www.alice.ch
Schweizerischer Verband für Weiterbildung, Kurssuche unter aliSearch

www.textakademie.ch
Schweizerische Textakademie – eidgenössische Stiftung für Sprache in Medien und Wirtschaft

Literatur

Beobachter-Ratgeber zur Arbeitswelt

Baumgartner, Gabriela: **Besser schreiben im Business.** Aktuelle Tipps und Vorlagen für den Geschäftsalltag. 2. Auflage, Beobachter-Edition, Zürich 2013

Baumgartner, Gabriela; Bräunlich Keller, Irmtraud: **Fair qualifiziert?** Mitarbeitergespräche, Arbeitszeugnisse, Referenzen. Beobachter-Edition, Zürich 2012

Bodenmann, Guy; Klingler, Christine: **Stark gegen Stress.** Mehr Lebensqualität im Alltag. Beobachter-Edition, Zürich 2013

Bräunlich Keller, Irmtraud: **Arbeitsrecht.** Vom Vertrag bis zur Kündigung. 12. Auflage, Beobachter-Edition, Zürich 2013

Bräunlich Keller, Irmtraud: **Flexibel arbeiten: Temporär, Teilzeit, Freelance.** Was Sie über Ihre Rechte wissen müssen. 2. Auflage, Beobachter-Edition, Zürich 2012

Bräunlich Keller, Irmtraud: M**obbing – so nicht!** Wie Sie sich gegen Schikanen am Arbeitsplatz wehren. 2. Auflage, Beobachter-Edition, Zürich 2011

Bräunlich Keller, Irmtraud: **Job weg.** Meine Rechte bei Kündigung und Arbeitslosigkeit. 3. Auflage, Beobachter-Edition, Zürich 2016

Dacorogna-Merki, Trudy: **Stellensuche mit Erfolg.** So bewerben Sie sich richtig, 13. Auflage, Beobachter-Edition, Zürich 2013

Heini, Claude; Bräunlich Keller, Irmtraud: **Plötzlich Chef.** Souverän in der neuen Führungsrolle. 2. Auflage, Beobachter-Edition, Zürich 2016

Limacher, Gitta: **Krankheit oder Unfall – wie weiter im Job?** Das gilt, wenn Sie nicht arbeiten können. 3. Auflage, Beobachter-Edition, Zürich 2016

Rohr, Patrick: **Reden wie ein Profi.** Selbstsicher auftreten – im Beruf, privat, in der Öffentlichkeit. 3. Auflage, Beobachter-Edition, Zürich 2010

Rohr, Patrick: **So meistern Sie jedes Gespräch.** Mutig und souverän argumentieren – im Beruf und privat. 3. Auflage, Beobachter-Edition, Zürich 2013

Stokar, Christoph: **Der Schweizer Business-Knigge.** Was gilt in der Arbeitswelt? Beobachter-Edition, Zürich 2015

Winistörfer, Norbert: **Ich mache mich selbständig.** Von der Geschäftsidee zur erfolgreichen Firmengründung. 14. Auflage, Beobachter-Edition, Zürich 2015

Wyss, Ralph; Pelosi, Lea: **Besser verhandeln im Alltag.** Die wichtigsten Verhandlungstechniken richtig anwenden. Mit vielen Praxisbeispielen. Beobachter-Edition, Zürich 2013

Bücher zur Neuorientierung

Bruch, Heike; Kunze, Florin; Böhm Stephan: **Generationen erfolgreich führen.** Konzepte und Praxiserfahrungen zum Management des demografischen Wandels. Gabler, GWV Fachverlage GmbH, Wiesbaden 2010

Jäncke, Urs: **Schweizerisches Forum für Erwachsenenbildung an der EB Zürich** (EB Kurs Nr. 27, Herbst 2010). NZZ Fokus, Nr. 42, 2010, S. 12

Keicher, Imke: **Creative Work** – Spurensuche in der Zukunft. in: Schweizer Arbeitgeber 9, 6.5.2010, S. 4

Winkler, Ruedi: **Mehr Ältere als Chance** – Herausforderung annehmen. in: Schweizer Arbeitgeber, Nr. 20, 20.10 2005, S. 1002

Zölch, Martina et al.: **Fit für den demografischen Wandel?** Ergebnisse, Instrumente, Ansätze guter Praxis. Haupt-Verlag, Bern 2009

Stichwortverzeichnis

T

U

V

W

Z